ちくま新書

限界集落の真実

——過疎の村は消えるか？

山下祐介
Yamashita Yusuke

941

限界集落の真実――過疎の村は消えるか？【目次】

第2章　全国の過疎地域を歩く　041

第3章　世代間の地域住み分け——効率性か、安定性か　103

序　むらは消えるか——東日本大震災を経て

†東日本大震災が晒し出した現実

限界集落とは、この言葉の提唱者である大野晃《あきら》氏の定義によれば、六五歳以上の高齢者が集落の半数を超え、独居老人世帯が増加したために、社会的共同生活の維持が困難な状態に置かれている集落のことを指す。そしてこの状態からやがて限界を越えると、人口・戸数ゼロの集落消滅に至るとされている。

二〇〇〇年代に強行された市町村合併。その背後にある自治体の財政難。三位一体と言いながら、現実には進まない地方自治体への権限委譲。そして着実に進む、過疎地域の少子高齢化と人口減少——その中で、過疎地域の中でも、とくに条件の悪い集落は消えてしまうかもしれないと予言するこの限界集落論は、大きな注目を浴びた。二〇〇七（平成一九）年のことである。

本書はその前後に集中して行った調査結果と、筆者自身が実際に行ってきた集落再生への手がかり探しの経緯からつかんだ再生の論理をまとめたものである。限界集落はまだまだこれからの問題であり、この問題のとらえ方や、今後の取り組み方次第で、いかようにも明るい未来は描けるはずである。にもかかわらず、近年の限界集落に関する報道は、いま、あたかも過疎地で集落が次々と消えているかのような印象を与えてきた。しかし実際は、集落消滅はよほどのことがなければ生じるものではない。現に、少子高齢化が原因で消えた集落など、探し出すのが難しいくらいである。

ところがそこに、二〇一一年三月一一日、東日本大震災が生じた。死者・行方不明者約二万人となるこの災害は、過疎問題をこれまで研究してきた者にとって、大きな衝撃となった。震災は、地域再生を可能にする条件を様々に奪ったかもしれないからだ。大津波と原発事故という予想もしない事態の中で、この震災は現段階の地方地域社会の置かれている現実を明るみに晒し出した。震災後の被災地の再生に向けた現状はきわめて深刻である。農山漁村、そして中小都市の生活も、結局はライフラインや巨大な物流によって支えられており、いったん崩壊すれば、それを立て直すのは容易ではないということが分かってきた。何より雇用の問題が深刻であり、地域経済の崩壊は、被災地の多くでその復旧・復興の足かせになっている。

地方地域社会をめぐる厳しい現実は、震災を経てますます先鋭化し、地域再生の条件は厳しくなりつつある。壊滅的な被害を受けたいくつかの被災地では、再生へのビジョンも描けず、すでに被害の大きさから早々に集落再生を断念したところも現れているという。地域社会の存続が、この震災でまさに一挙にリアルな問題となりつつあるわけだ。

とはいえ、地方は年寄りばかりだから防災が不十分だったとも言えないようだ。むしろ、実態は逆のようである。筆者が被災地をまわった限り、集落が小さく、高齢化の進行している地域ほど――すなわち、限界集落問題が先鋭化している場所ほど――支え合い、かばい合って、災害後の地域の運営は上手になされていたようだ。今後明らかになってくるだろうが、死者・行方不明者の数も、そうした地域の方が少ないのではないか。危機を生き抜くに当たって、日本の村、日本の地方都市は、必ずしも厳しい場所ではない。この震災はそのことも実証したのではないかと思われる。

東日本大震災は大きな試練ではあるが、これを乗り越えたところに、日本の地方の将来も見えてくるはずだ。そしてその基礎にある、日本の地域コミュニティの現実を把握するためにも、この数年、問題となってきた過疎集落の現実、すなわち限界集落問題を、我々はしっかりと理解しておかねばならない。

我々は、限界集落の問題を正面から見つめ、この問題に、ごまかすことなくしっかりと取り組んでいく必要がある。

†本書の構成

とはいえ、限界集落論には、ある種の罠も仕掛けられている。その罠は、この数十年に生じた日本社会の大きな変動のうちに急速にかつ着実に仕掛けられたもので、もはや我々はその罠に自らが関わっていると思えないくらい、深く入念に絡め取られているような類のものだ。

我々はこの問題をしばしば一つ一つの集落の個別の問題として理解しがちである。むろん集落はそれぞれに個性的だ。しかしそれらは全体社会の大きな変化の中にもあるものだ。だが、その連続性が欠けて認識されている。本書では個々の集落の問題と全体の問題の間の重要な連関を記述していこう。

さらに重要なことは、こうした全体社会の変化の中で、個々の家やむらは適応もしてきたということである。一方的に翻弄されてきたわけでもないのだ。むしろ、そこに息づく安定性・正常性に気づいたとき、大都市圏の不安定性・異常性の方が際立つかもしれないのである。

ある方向から「当たり前」と思っていることが、別の方向から見ると全くの誤解や思い違いだったということがある。限界集落論が示している本当の問題性の解明――それがこの書の最大の関心事であり、その解明から導かれる再生プログラムについても、現段階で筆者に可能な範囲で描いてみた。

本書の全体の流れをあらかじめざっと記しておこう。

前半の第3章までは、限界集落論の問題性を解明する作業を行う。第1章では、大野晃氏が提唱した限界集落論が、報道等によってそのイメージがひとり歩きし、過疎地域の現実からかけ離れていったことを論証する。その上で過疎地域の本当の問題とは何なのかを問い直したい。

次の第2章では、全国の過疎地域を現場調査した内容を紹介し、限界集落問題とは何かを考えていく。「いまや集落は限界に達し、消滅する集落も現れている」。これは本当だろうか。過疎高齢化の先進県である、島根、高知、鹿児島、秋田などの事例を通じて、過疎問題の現段階を確認していこう。

第3章では、この限界集落問題を、世代間の地域住み分けという視点から解読し、その問題性がどこにあるのかを追求する。ここでは全国および青森県についての人口データを用いながら、マクロな視角からこの問題について論じていく。また過疎集落をめぐって必ず出される問い、「効率性の悪い場所には消えてもらった方がよいのではないか」にもここで答えておきたい。

第4章からの後半部では、前半で整理した限界集落問題の問題性を受けて、今後の集落維持・再生をどのように考え進めるべきか、そのプログラムの作成を模索する。

まず第4章は、筆者自身が取り組み、経験した、ある集落における地域再生の取り組みを紹介する。青森県鰺ヶ《あじが》沢町《さわまち》深谷《ふかや》地区の三集落とともに行った試みから、以下の記述に必要な様々なヒントを回収しておこう。

第5章では、その経験の中からとくに、家族から見た限界集落問題という論点を引き出し、戦後日本社会の変容と、家・むらの変遷との関係について解き明かしていく。家族という視点からは、限界集落と呼ばれているものが、全く別の角度から見えてくる。第3章で行った世代論とあわせて、家と世代から見る限界集落論の視座をここで確立したい。

この視座が確定すれば、第6章で提示する集落再生への道も、その枠組みはおのずから明らかになる。ここでは集落の主体性を引き出す「集落点検」という手法の持つ意味について深く掘り下げたい。さらに、過疎集落を応援する社会的な仕組みについて、都市とむらの関係性の再構築という視点から掘り下げていく。最大の難関は、首都圏を含む関東・関西の大都市圏と、地方の暮らしとの接点の再構築である。この論理立てにもし成功したなら、過疎地域・限界集落から始める日本社会論も可能になってくるだろう。

霞ヶ関と北の果ての山間集落――日本社会の今後を考えるのには、そのどちらも重要だというのが本書の基本的な姿勢である。いや霞ヶ関がなくても、山間集落は維持されるかもしれない。しかし、霞ヶ関だけで日本社会は成り立つものではない。

過去何百年と同様に、今後も安定して続く農山漁村があってこそ、グローバル化の時代の中でも安定した国民社会が築かれる。しかし、その一方の極の現実は、いままであまりにも顧みられることがなかった。その現実を、表面的な数値や、根も葉もない論理からではなく、そこに暮らす人の視点に立って理解すること。それができるかどうかが、現在の我々が直面している最も大きな課題である。調査・取材・実践を通じて得たこの確信を、本書を通じて多くの読者と共有できたらと思う。

†周辺から始める集落再生論

筆者はこの震災直後の二〇一一年四月から、前任地である弘前大学を離れ、首都圏に暮らし始めた。本書の内容は主に、二〇一一年三月までの青森県での経験をもとにしたものである。二〇〇七年~二〇一〇年度に行った調査活動の記録や報告書、論文とともに、とくに二〇〇九年一月~一二月の一年間、青森県の東奥日報紙上に連載したものが本書の核となっている（「特集　ここに生きる」全六部、櫛引素夫《くしびきもとお》記者と共同執筆）。これらにその後の経過や、筆者自身の論理の進展を加えて、新たに書き下ろした。

本書は、青森県弘前市で暮らした一七年にわたる一社会学者の観察をもとにしたものであり、また青森県民とともに考えた世論形成の経過を報告するものでもある。と同時に、その後、東京に移動して視点を移した際に、中心と周辺の視座の違いを、筆者自身が強く確認したことから生まれたものでもある。さらに、東日本大震災の経験は、筆者自身の考えを大きく揺さぶった。それでもいまは、過疎地・限界集落の現場で生じ、また解決が必要とされている問題は、被災地においても、また日本の中心である東京においても共通のものだと思えるようになってきた。

本書では意図的に、限界集落での現実風景を、筆者が見たまま経験したままに綴る部分と、限界集落が現れてくる社会的なプロセスの解明や限界集落論に内在する論理的問題点を理論的構造的に語る部分とを、つねに対比させ、絡み合わせながら記述している。ふとしたささいな経験の深い意味に気づくことから、社会全体を貫く枠組みが見えてくることがある。個別の経験と、全体を説明する論理がかみ合うことで、現実をよりよくとらえる新たな視座が獲得され、問題に対応していくための道筋も見えてくるはずだ。

中でも次のことに注意して論理を構成した。すなわち、中心と周辺という軸で言えば、限界集落は周辺の中の周辺に位置する。我々はしばしば、不用意に中心の視点からだけで全体を見て、周辺をも判断している。

むろん中心から見ることも一つの経験ではある。しかし本書では、つねに現場《フィールド》に身を置き、周辺の視座を自分自身の経験のうちに獲得する努力を行って、その視座から全体社会に関わる論理を組み立てることを試みた。周辺の視座からは一見ジリ貧に見える限界集落も別のものに見えてくる。さらに言えば、本書の最終的な目的は、過疎地・限界集落を起点とした、現代日本社会批判である。その意味では、むしろ、過疎地に関わる人たちよりも、これまで関わりがないと思っていた人たちに読んでもらいたいと思っている。限界集落と言われる場所に生きている人にとっては、本書の内容は「当たり前」であり、あえて言う必要もないことかもしれないからだ。

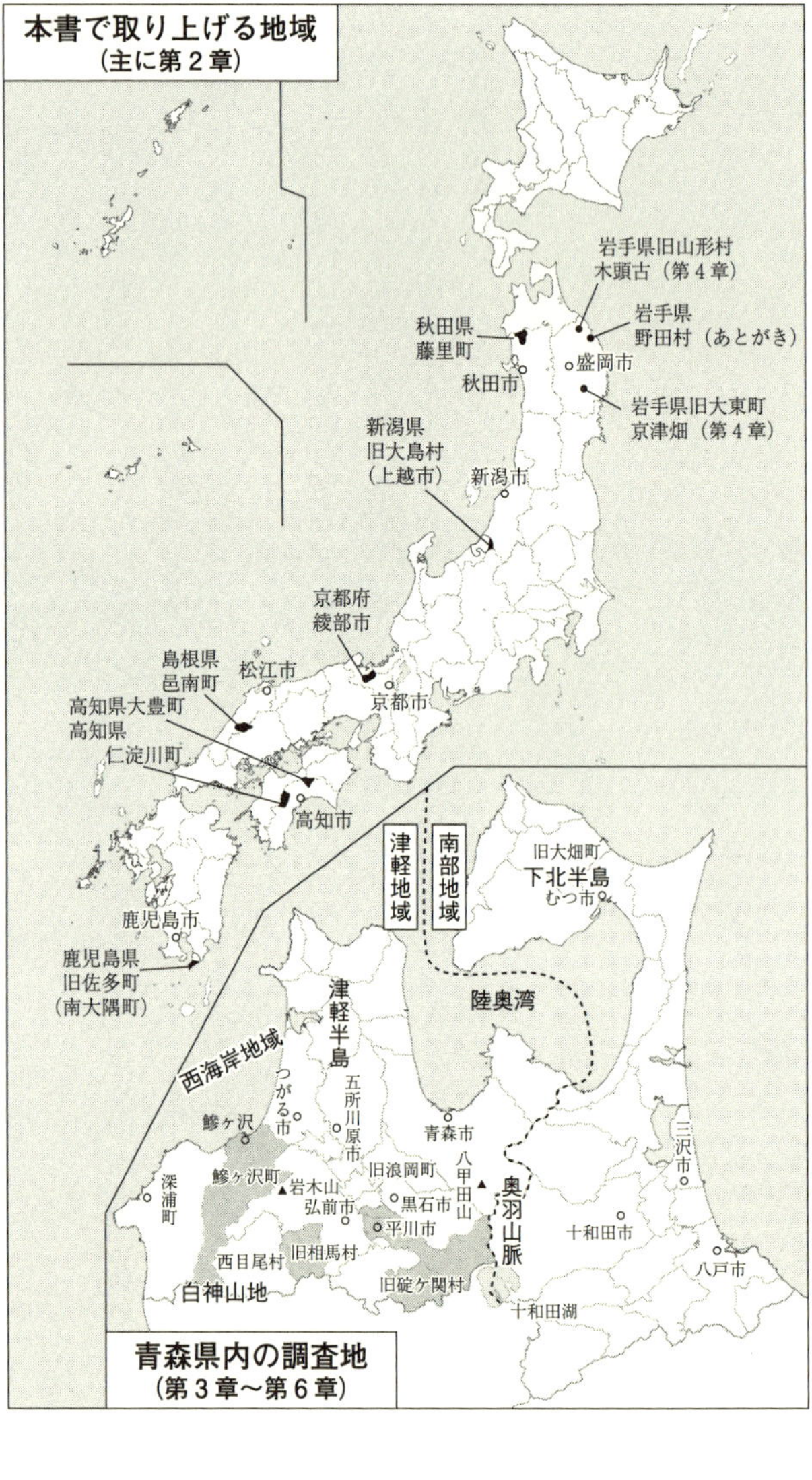
本書で取り上げる地域
（主に第２章）
岩手県旧山形村
木頭古（第４章）
岩手県
野田村（あとがき）
秋田県
藤里町
盛岡市
秋田市
岩手県旧大東町
京津畑（第４章）
新潟県
旧大島村
（上越市）
新潟市
京都府
綾部市
島根県
邑南町
松江市
京都市
高知県大豊町
高知県
仁淀川町
高知市
鹿児島市
鹿児島県
旧佐多町
（南大隅町）
津軽地域
南部地域
旧大畑町
下北半島
むつ市
陸奥湾
津軽半島
西海岸地域
つがる市
五所川原市
鰺ヶ沢
青森市
三沢市
鰺ヶ沢町
岩木山
旧浪岡町
八甲田山
奥羽山脈
深浦町
弘前市
黒石市
平川市
十和田市
西目屋村
旧相馬村
八戸市
白神山地
旧碇ヶ関村
十和田湖
青森県内の調査地
（第３章～第６章）

第１章
つくられた限界集落問題

鹿児島県錦江町にある山添集落。戦後開拓村だったが1988年に解消した（2007年撮影）。

1　報道のイメージ、現場の困惑

†報道からつくられる限界集落のイメージ

二〇〇七（平成一九）年夏、多くの新聞・雑誌・テレビ報道が、地域間格差の象徴として限界集落問題を扱っていた。例えば、こんな文句が躍っていたことを記憶にとどめている人も多いはずだ。

「過疎地域が危ない――消えた集落・七年間で一九一」

「今後一〇年間に消滅する可能性のある集落――国調査の数値発表」

これらの報道に従えば、いま、我々日本の地域社会に訪れている状況は次のように印象づけられる――次々と過疎地域では集落が消えている。国の調査では、すでに二〇〇もの集落が消えてしまった。さらに今後、多くの集落が消えていくことは必然である、と。

「消滅しつつある限界集落を救え」――こうしたスタンスの報道番組や新聞記事も、一時期、ずいぶん我々の目についた。もはや「限界集落」という言葉は、世間には馴染みのものとなっている。テレビのバラエティ番組ですら、この言葉を使用する。しかしまた他方で、当の過疎地域からは、「限界などと言うな」と、かなり強い反発をもって迎えられた言葉でもあった。

その後、こうした報道は沈静化しているように見える。では、限界集落問題はもう終わったのだろうか。いやその後問題が解消されたとも聞いていない。ではなぜ沈静化したのだろう。そもそも、この問題は一体どのようなものだったのだろうか。

問題の本質が見えにくいときはまずは現場に行ってみることである。ただし、ここで注意すべきなのは、「こちらが聞きたい話」を集めるべきではない、ということだ。近年の報道は盛んにそうした都合のよい情報収集をした嫌いがある。現場で、そこに息づく人々自らが話したい話に耳を傾ける必要がある。いわゆる限界集落と呼ばれる場所で素直に話を聞いてみると、こうした報道とは違ったものが見えてくる。

†「問題がないのが問題だ」

まず、ある地域での一コマから始めることにしよう。筆者がフィールドとしている青森県某町での取材風景である。

某町A集落は、津軽半島北端の海岸部にある。津軽半島一帯は、もともとはアイヌの活動地帯であり、江戸時代の記録にはそうした人々の姿を確認できる。しかしむろんいまはアイヌ系の集落は見当たらず、沿岸に点在するのは、多くが漁の網元や雇いの漁師が定着してできた和人の集落である。A集落に暮らす人々の家系も、もともとは漁業・海運に携わって財をなした人々であり、ここは豊かな海村だった。しかし現在、人口約八〇人。うち六五歳以上人口比率が七〇％を超える。限界集落とは高齢化率が五〇％以上の集落のことだから、ここも定義上、立派な限界集落である。そこで、町会長さんに話を聞いてみると、意外なことを言う。「ずいぶんと、ここには記者さんが来ました。困ったことはないかと聞かれる。一番困るのは困ったことがないことです」。

いまここで生活するのにとくに困ることはない。確かに若い人たちはこの地域から出て行った。しかし残った高齢者も多くは元気で暮らしており、山の畑に行ったり、漁に出かけたり、村の会合に出たり、祭礼を行ったりと毎日忙しく過ごしている。

多くの過疎集落でいま、人口減少が進むだけでなく、高齢化率（六五歳以上人口比率）が高くなってきている。しかし高齢化率が高いから、集落の解体がすぐに起きるわけではない。年寄りばかりになっても、助けがなければ生活が崩壊するという状況にはない。これでは、「限界などと言うな！」という方が確かに正しい。

ではは集落の限界は本当にないのだろうか。今後ともこうした集落は、同じように続いていくのだろうか。過疎高齢化の現実は、放っておいてよい状況にあるのだろうか。

集落の限界問題を、過疎地域に暮らす高齢者の生活問題ととらえる限り、我々はその本質に迫ることはできない。人々はいまも普通に暮らせているからだ。しかし別の角度からとらえ直したとき、我々は大きな分岐点にいることに気づくことになる。

そもそも過疎問題、限界集落問題はどのようなものなのだろうか。ここでまずごく簡単にこの問題の歴史を振り返り、現段階を特徴づけておくことにしよう。

2　限界集落論とは何か――出発からの疑問点

†過疎問題のうつりかわり

過疎という言葉は本来、一九六〇年代に使われ始めた行政用語である。一九七〇年に「過疎地域対策緊急措置法」が制定されて以来、一九八〇年「過疎地域振興特別措置法」、一九九〇年「過疎地域活性化特別措置法」、二〇〇〇年「過疎地域自立促進特別措置法」と一〇年おきに新たな過疎対策法が施行されてきた。そして現在、「改正過疎法」の六年の延長が決まり、二〇一〇年四月一日より施行されている。

このうち一九六〇年代末から七〇年代の過疎問題は、若者の都会への人口流出などによる社会的要因での人口減少(「社会減」という)によって引き起こされたものであった。都市部の「過密」状態に対し、農村部の「過疎」状態が対比され、問題とされたのである。

しかし、一九七〇年代後半には、団塊の世代のUターンや第二次ベビーブームの影響により過疎地域の人口減も持ち直し、一九八五年の国勢調査からの集計では過去最低の減少率となった。このことから、過疎問題は解決されたかのようにも思われた。「地方の時代」と言われたのもこの時期である。

ところが一九九〇年代に入ると、社会減による過疎に加えて「自然減」、つまり出生数よりも死亡数が上回ることによる人口の自然減少が始まった。この現象は「新過疎」と呼ばれた。第二次過疎問題の出現である。この自然減による過疎は、若者が出て行った後、残された人口が高齢化し、他方で新しい人口が生み出されなくなったことによって生じたものであった。この新過疎はしかし、一九九〇年前後のバブル経済とその崩壊の時期と重なり、それほど注目を浴びずに終わる。公共事業全盛の時代でもあった。

そして二一世紀を迎えると、行財政改革、平成の市町村合併、相次ぐ自治体の財政問題の顕在化の中で、三たび地方の問題がクローズアップされるようになった。二〇〇〇年代後半には、過疎問題についての議論も再燃し始める。この第三次過疎問題の主要局面を示すものとして、限界集落問題がとくに二〇〇七（平成一九）年あたりから盛んにメディアで取り上げられるようになった。

†限界集落論とは何か

さて、そもそも限界集落論とは何だろうか。

限界集落論は、一九八〇年代末、当時、高知大学にいた大野晃氏によって提唱されたものである。過疎自治体の中での「集落間格差」を把握するための概念として提起された。その関係諸論文は大野晃著『山村環境社会学序説――現代山村の限界集落化と流域共同管理』（農文協、二〇〇五年）にまとめられている。

大野氏はこの中で、山村集落を、存続集落・準限界集落・限界集落・消滅集落の四つに区分している。これらの集落概念が、まずは人口で規定され、その上で質的規定がなされていることに注意したい。

まず存続集落とは、集落の中で五五歳未満の人口が五〇％を超えており、後継ぎ確保によって集落生活の担い手が再生産されている集落のことを指す。

準限界集落は、五五歳以上の人口がすでに五〇％を超えており、現在は集落の担い手が

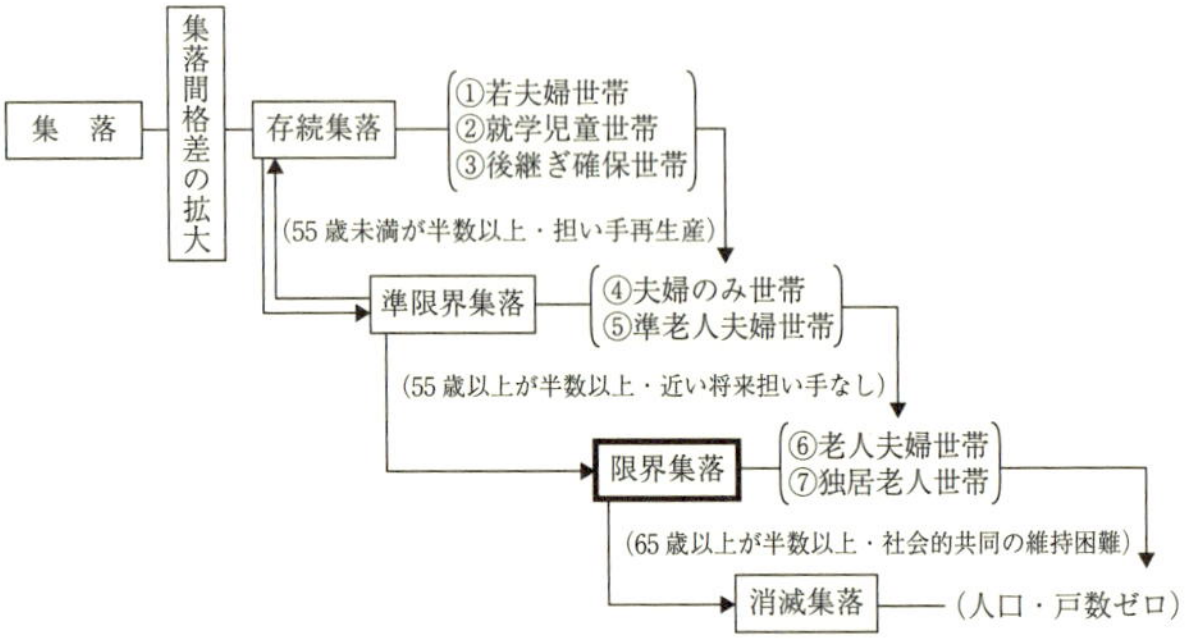

図１　現代山村の分析手法とその総括図（大野晃『山村環境社会学序説』より、一部）

確保されているものの、近い将来その確保が難しくなってきている集落である。

そして限界集落は、六五歳以上の高齢者が集落人口の半分を超え、独居老人世帯が増加し、このため、集落の共同活動の機能が低下し、社会的共同生活の維持が困難な状態に置かれている集落と定義されている。

さらに消滅集落は、人口、戸数がゼロとなり、文字通り消滅してしまった集落を指す。

大野氏はこれら四つの状態区分を使って山村の現状を分析する手段としているが、集落の限界化は高齢化率の上昇とともに進行し、これが止まらないまま進行すると準限界から限界へ、そして最後には集落消滅に至るという形でこれらの概念を配置している（図1）。そしてこの図式をもとに、高知県の各町村で集落の人口状況を解析し、フィールドワークを重ねた。

ところで、前掲書の収録論文の初出を見ると一九九一

（平成二）年が最も早い。大野氏によれば、一九八八（昭和六三）年が最初にこの概念を提起した年だという。限界集落論は、先の過疎問題の歴史の流れの中でいうと、第二の過疎、すなわち「新過疎」の時期に提起されたものだということになる。だが提起された当時は、この限界集落論に対して、メディアも政府も十分な関心を示すことはなかった。それが、二〇〇〇年代に入って、突如、注目が集まったことになる。いったいなぜなのだろうか。そこには多分に政治的／行政的事情が関わっており、また過疎問題に関する多くの誤解も内在している。

だがそのことを示す前に、この大野氏の議論そのものに含まれるいくつかの問題にもふれておきたい。近年、急速に構成されてきた限界集落のイメージは現実と大きくかけ離れており、そこには提唱者である大野氏自身も不本意と感じる内容が含まれているはずである。とはいえ、大野氏の限界集落論自体にも、すでに見逃すことのできない論理的な問題点が内在している。そしてそのことが、限界集落をめぐる現在のイメージ形成にも大きく関わっている可能性がありそうだ。限界集落論の批判的検討はそこから始めなければならない。大野氏の議論への疑問点は、大きく分けて次の三つに整理できる。

†疑問点①——高齢化率をなぜ過度に重視するのか

第一に、集落の「限界」を考えるに当たって、なぜとくに高齢化率を重視しなければならないのか。この点が問われなければならない。限界集落論は、六五歳以上の高齢者の比率が高くなればなるほど、集落が限界に近づくという論理になっている。しかしながら、六五歳の人が六六歳になればすぐに身体がきかなくなるということはもちろんない。平均寿命の延伸とともに元気な高齢者も増えており、七〇歳代でも現役で農林漁業に携わっている人は多く、むしろ一般的でさえある。高齢化率が高いということだけで、すなわち問題であるかどうかについては、十分に慎重でなければならない。

大野氏自身も、高齢化率のみを絶対視しているわけではない。しかし、限界集落論が人口に膾炙《かいしゃ》するに及んで、高齢者ばかりの集落イコール危ないというイメージが先行するようになってしまった。

本書では、問題の焦点を少子化の方に移行させることを提案する。さらにはこれを世代間の地域継承の問題としてとらえるべきことを説いていこう。むろん、少子化率は高齢化率と密接に関係し、強い負の相関関係にあるから、集落の現象を把握する際の最も手近な指標として高齢化率に注目することには、一定の意味がある。本書でもしばしば集落の状況を示す指標として高齢化率を利用する。しかし重要なことは、指標の数値よりも、それを手がかりに導き出されるその集落の質にある。

疑問点②――集落とは何か

第二に、限界集落論でいう「集落」とはいったい何を示しているのか、である。

もともと日本の集落を指す言葉には「部落」があった。しかしこの言葉は、とくに西日本を中心に差別語として使われたため、いまでは使用できなくなっている。

もっとも部落という言葉も、比較的新しいもののようである。本来の呼び方は、多くが「むら（村、邑）」だったはずだ。しかし、明治中期の町村制施行によって、複数の「むら」を集めた新しい村、行政村が誕生したことから混同が生じ、旧来の村を「むら」と呼ぶことに不便を感じることが多くなった。とはいえ長く続いてきた農山漁村の生活は、いまでも昔ながらのこの「むら」を単位に営まれ、またそう自覚されているのも紛れもない事実である。いま「集落」といった場合も、この「むら」を指して使っていることが多いはずだ。本書でも、行政村としての「村」に対して、旧来の村を「むら」と表記し、区別して記述していこう。

さて、こうした日本の「むら」には、単に人々が寄り集まって暮らしているという以上の意味合いが含まれている。むらには、むらを形づくる共同の過程や一体意識、さらには領域認識が存在する。う語にも、単なる集落以上の意味合いが含まれることになる。先ほどの大野氏の限界集落の定義にも、高齢化率だけでなく、「共同のあり方」への言及があるのはそのためである。

しかしながら、大野氏の実際の分析の中では、集落は統計的に処理され、またその集落の単位は、しばしば行政上の「統計区」が無批判に使用されている。そして、大野氏に倣ってか、国による調査も同様に統計区を単位に行われている。統計区はいわゆる「むら」とは必ずしも重ならないし（むろん、重なることもある）、大きくズレることも多いから、その数値を出してもそれだけで集落＝むらを検討したことにはならないだろう。

そもそも集落は地域によって千差万別である。むらの生成の時期、周辺集落との関係、生業のあり方、都市との緊密さ、団結力や文化などそれぞれに異なるし、規模の大小も、数戸から数百戸までのバリエーションがある。まして都市も集落の一つだから、それらを加えれば多様性はさらに広がる。こうした集落を、それぞれの地域の事情を無視してただ数値を並べてみても、集落の限界性を追求することはできない。

ではどのようにすれば、集落なるものをとらえることができるだろうか。当然それは、実際の現場の質的な調査に委ねられることになる。統計区をもとにした数値も、質的分析を重ねることで、集落状況の実態を知る大きな手がかりになる。本書ではその例を各県の比較分析やいくつかのモノグラフで示していきたい。

†疑問点③——社会解体予言の取り扱い方

ところで、限界集落論は一見すると、過疎地域では高齢化率が上昇し、限界に至って消滅するという予言を行っているように見える。そして国発表の調査はそれを裏づけ、次々といま、集落が消滅しつつある印象を与えるのに十分である。

第三の疑問点は、この予言としての限界集落論にある。何よりもまず確認しなければならないのは、この予言は当たってきたのか、という点である。

先述のように、限界集落論はすでに一九九〇年代初頭には登場していた議論である。この問題、提起されてからすでに二〇年が過ぎている。では、二〇年前に「限界だ」といわれた集落はどうなっているだろうか。

後で詳しく見るように、こうした集落はみな、まだ健在である。少なくともこれまで、明らかに目に見える形で、高齢化→集落の限界→消滅が進行した事例はない。提起された予言が次々と当たっているわけではないのである。国の調査も、順に明らかにするように、限界集落論が示す予言を証明するものではない。

そもそも大野氏自身、これを予言として示したのではない。大野氏はただ、「高齢化率があまりに高い集落があるので、早く手を打っておく必要がありますよ」と注意を喚起したにすぎないのである。高齢化率の上昇↓集落の限界↓消滅という図式は、観察され、証明された法則などでは決してない。しかし、あまりにも簡潔な図式立ては、高齢化の進行↓集落消滅を、避けられない法則であるかのように印象づけるのに十分だった。提唱者の大野氏自身が意図していなかった効果として、この集落の解体図式があたかも法則であるかのように一人歩きし、メディアを通じて広く流布されてしまったところに、この議論の持つ大きな問題性がある。

さらに付け加えるなら、第四に、過疎集落の問題を山村のみに限って論じている点も気になる。後で見るように、高齢化率の高い地域は山村に限ったものではないからである。

では、二〇年前に提起された議論が、いまになって突如注目され始めたのはなぜなのだろうか。限界集落論が注目された二〇〇七年が、いったいどういう年であったのか、ここで振り返ってみることにしたい。

3 二〇〇七年――問題がつくられたとき

†背景としての参院選と自民党大敗――地域間格差問題の象徴として

前に述べたように、限界集落論はもともと一九九〇年前後に提唱された議論である。当時、学会ではその重要性については認識していたものの、ごく一部を除いて、大野氏と同じ視点から過疎問題をとらえようとする動きはなかった。まして、政策レベルでこの問題が当時、取り上げられたとも聞いたことがない。ではなぜ、二〇年近く前の議論が、二一世紀初頭になって注目されることになったのだろうか。

その背景には様々なものがあるが、まず第一に、この問題、政治的・行政的に「つくられた問題」という側面があることを指摘しておかねばならない。限界集落論が世間で大きく取り上げられたこの時期に何があったのか、振り返ってみよう。

二〇〇七年は、大きな政変の先駆けとなった年であった。この年行われた参議院議員選挙で、自民党は民主党に大敗を喫したが、それが結局、自民党から民主党への歴史的な政権交代にまでつながることになった。さらに続く二〇一〇年参院選では、与党・民主党が大敗し、東日本大震災後の不安定な政治状態へと続いている。

ともあれ、限界集落論はこの二〇〇七年参院選の際に、マスコミが取り上げたテーマの一つであった。二〇〇〇年に始まる三位一体改革の結果としての地域間格差問題がクローズアップされ、その象徴として、限界集落の問題が取り上げられた。いま見ると、メディアが限界集落に注目した時期と、参議院議員選挙との連動性はかなり明確である。かくいう筆者も、青森県の東奥日報紙上でこの問題を最初に提起したのは、「この国を問う」という、参院選を占う特集記事だった。

つまり、この限界集落論は多分に政治絡みで、さらにはそこに関係したメディアの情報戦略によってつくり上げられた面が大きかったのである。

†二〇一〇年過疎法延長をめぐる駆け引き

限界集落問題は、政治・メディアによって構築された問題としての側面のほかに、その背後には行政官僚の動きも感じられる。行財政改革のもと、政府予算が削られていく中での、省庁間の予算取り合戦の一コマのうちに見ることも可能なのである。

過疎法は時限立法である。二〇一〇（平成二二）年を前に、過疎法は新たな改正の時期にあった。報道等によれば当時、地方への財源バラマキの感の強い過疎法はなくなることが予想されていた。これに対し、担当省庁は過疎法存続に向けて、巻き返しを図っていた。限界集落論はその大きな柱の一つであり、この議論を中心として、政府の情報収集、懇談会という形での勉強会が進められ、先にあげたような調査も実施されていったのである。また、もともと国土庁の担当であったこの過疎問題が、省庁再編で国土交通省と総務省という巨大省庁の担当に切り替わったことも大きいだろう。

地域間格差が生じる中、とくに人口減少の著しい自治体では、人口減に伴い、それまでのように税収が手に入らなくなるわけだから、財政的支援を受けることにはむろん大きな意味はある。かつその支援された財源で、ハードを蓄積し、条件不利を乗り越えようとしてきた過去の施策についても、それを短絡的に失敗であったと断罪するのは拙速だろう。

しかし、過疎問題という問題提起そのものが政府や政治・行政の手によってなされ、かつそれが財政的支援による格差是正として解決が求められていくことで、結果として、過疎地域自身が内発的に受け止め、解決しようという問題として提起されずに、地域はつねに政策の客体＝受け手として振る舞うよう習慣化されてきたのも事実である。過疎問題の問題性はつねに、そこに生活している人々の現実とは無関係な場所から提起されてきた。

そして今回の限界集落問題も、そうした外からの（外発的な）つくられた問題としての側面を強く持っているのである。

†では、限界集落問題は虚構か

では、限界集落問題は全くの虚構なのだろうか。現実にいま進行しているものとしての「問題」と、語られ、論じられることによって問題化されること、すなわち理念的構成物としての「問題」の二つである。現実にいま生じている災害——例えば地震とか、台風とか——のような「問題」と、これから起こるかもしれないとされる災害——首都直下地震の予測など——とは、いずれも我々が取り組むべき「問題」だが、その「問題」の質は違う。

一般に、「問題」には二つの側面がある。

限界集落問題は、一部にその予兆は現れているものの、まだ現実化している問題ではない。その意味で後者の方の「問題」なのである。いや、すでに政府が発表するように、多くの集落が消えているではないか、と読者は思うかもしれない。冷静にならなければならない。「一九一の集落が消滅した。全国の過疎自治体アンケートの結果、そのような回答があった」ということと、現実に、過疎高齢化が進行して集落が限界に至り、消滅したという事実があることとは、必ずしも同じではない。もしかすると、マスコミがセンセーショナルに取り上げ、国も数値の中身を吟味せずに、ある種のサプライズとして提示しているだけかもしれないのである。そして、実際に、そうした意味合いが非常に濃いのである。

とはいえ、限界集落論が提起している問題が全くの虚構か、というとそういうわけでもない。集落消滅、地域崩壊の様相が、次第に実感され始めているのも事実である。いまは現実ではないにしても、これから起こりうる危険性は確かにある。政治・政策的利用、メディアでの取り扱いなど、限界集落問題には過剰とも言える情報操作が行われた嫌いはあるが、かといって「限界集落問題は虚構か」というと、そうとは言い切れない面がある。ここにこの問題の難しさがある。

限界集落問題は確かに存在する。しかしそれはまだ十分に現実化された問題ではない。これから生じるかもしれない問題——こうしたものを近年、リスク問題とも呼ぶ——なのである。この問題は、まだ十分に回避できる可能性を持っているし、また逆に手をこまねいていれば、遅かれ早かれ、予言の通りに現実が進行しうるであろう問題でもある。

4 過疎地域をめぐる本当の問題とは

†世代間の継承の問題として

本書では、この集落の限界化の問題を高齢化の問題としてではなく、人々による世代間の極端な住み分けが生み出した問題として提示する。一言で言えば、いま我々が直面しつつあるのは、戦前生まれと戦後生まれの世代間の継承の問題なのである。そして何を継承するのかと言えば、とくに重要なのが、国土、そしてそれを活用するための国民の文化・社会・生活様式である。

今後生じる可能性がある集落の存続問題について、大野氏をはじめ、限界集落論では一般に高齢化の観点から考えてきた。しかし、後で詳しく述べるように、問題の中心は、この高齢化の裏側にある少子化の方である。とくに「戸数が少ない、子供の少ない集落」が、「危ない」のである。限界集落とは、現在の生活に問題があるというよりも、継承すべき人口についての将来展望が見えない集落と考えなければならない。地域を引き継ぐべき次世代確保の難しい地域が、消滅の可能性のある地域なのである。

†誰の問題か、誰が解決すべき問題なのか

限界集落問題が、こうした地域社会の世代継承の問題だととらえられたとして、この問題が本当に難しいのは、問題を解決していくための処方箋が見えにくいこと、さらに言えば、誰にとっての、誰が解決すべき問題かが見えにくいことにある。

もし、もともとの限界集落論が示しているように、高齢化の問題、すなわち高齢者の生活をどうにかしようという問題なのであれば、福祉や社会保障の問題として設定され、解決すべき主体は政府か、あるいは自己自身の責任問題とすればすむことになる。

あるいはまた、過疎集落の消滅が個々の地域の個別問題として考えられるのであれば、各地域の可住地をどう効率的に撤退させるかの問題となり、この方向でも、取り組むべきは、政府か、あるいは地方自治体ということになろう。いずれにせよ責任は、政府にあるか、過疎地域に住む人々自身にあり、一般の国民にとっては対岸の火事として眺めていればよいことになる。

しかし、もしこれから示すように、過疎地域をめぐる問題が、日本社会の戦前と戦後の世代間をめぐる継承の問題であり、とくにより若い世代にとっての今後の国民社会のあり方に関わる問題であると設定されるなら、話は簡単ではなくなる。それは少子化問題と密

接に結びつき、日本人全体の人生や家族の行く末に深く関わるものであるとともに、そこでの継承は今後の国土利用、食糧供給、環境保全にもつながっているので、都市や首都圏といった、直接過疎地と関係がないと思われている場所に暮らす人々にとっても、関わりなしにはすまないものとなる。

順に示していくように、過疎地域の存続をめぐる問題は、国民自身が自分自身の生活をどう考えるのか、どういう幸せを築きたいのか、その価値のあり方とも深く関わらせて考えるべき問題である。そしてそのためにも、まずは現状を知ること、我々がいまどこにいるのか、よく調べ、把握しておくことが先決となる。

我々は、日本という国土の上で、今後ともふるさととどのように関わっていけるのか、十分に問うていかねばならない。それはおそらく、いまある社会の矛盾を追及することにもなり、それはさらに今後、どういう社会が望ましいかを問うことにもつながるだろう。

ふるさととは、そして国土は、あるいはまた我々が今後とも安心して生きていくために必要な暮らしの文化や技術は、これまでと同様に、今後も次世代へと適切に継承され、持続可能な社会を実現しうるのだろうか。これが本書の問いの核心である。

第２章
全国の過疎地域を歩く

秋田県藤里町北部地区。生活の営みはまだまだ安定しているが、
荒れた空き家も目立つようになってきた（2008年撮影）。

1　鹿児島県南大隅町・旧佐多町——本土最南端の町

†集落消滅は本当に生じているのか

前述の通り、大野晃氏の限界集落論では、六五歳以上の高齢者が集落の半数を超え、独居老人世帯が増加すると社会的共同生活の維持が困難な「限界集落」となり、この状態がやがて限界を越えると、人口・戸数ゼロの集落消滅に至るとされている。すなわち、「高齢化の進行→集落の限界→消滅へ」というプロセスが予言されているわけである。

この限界集落の概念は一九九〇年前後に提起されたが、大野氏自身が言うように、それは注意喚起のためのものだった。このまま放っておけば危機が来るかもしれませんよという、将来のリスクを示すものだったのである。しかしその警告から二〇年経って、集落が現在もいまだに維持されていることを考えると、この「高齢化→限界」図式による集落消滅の予言は当然のことながら再検討されなければならない。

そこで問題となるのが、二〇〇七（平成一九）年八月に国が発表した、過去七年の間に、過疎地域だけで一九一の集落が消えたという数字である（『国土形成計画策定のための集落の状況に関する現況把握調査』、以下、二〇〇七年国調査とも示す）。この数字は、メディアでもセンセーショナルに取り上げられ、何度も繰り返し報じられた。

だがその内容を見てみると、ダム・道路による移転や集団移転事業、自然災害等が含まれており、高齢化のために共同生活に支障が生じ、消滅に至った集落が一九一あったというわけではない。それどころか、本章で見ていくように、調べた限りでは高齢化の進行による集落消滅は、全国の中でまだ一つも確認できない。

一九六〇年代前後、村をあげて挙家離村が行われた例はあり、この時期には確かに自然消滅した集落はある。しかし、その後、高齢化が進んで村が維持できなくなり、消滅に至ったという集落はいまのところはっきりと確認できないのである。大野氏が示す事例（高知県大豊町《おおとよちょう》、本章7節参照）においてさえも、限界集落の割合こそ増えているが、集落全体の数は変わらず維持され、集落消滅は見られない（大野晃、二〇〇八、二七頁）。

集落消滅はどういう状況で生じるのか、高齢化→集落消滅は本当に起こっているのか――この問題を考えるため、筆者は、二〇〇七（平成一九）年から二〇〇八年にかけて、全国各地の過疎先進地を歩いてみた。まず、本土最南端の鹿児島県大隅半島から、その探求の跡をたどってみたい。

†学会での激論

二〇〇七年一二月一日夕方、鹿児島県南大隅町《みなみおおすみちょう》役場に隣接する南大隅町中央公民館では、過疎・限界集落の問題について、熱のこもった議論が続いていた。日本の農村社会研究者が年に一度集まる日本村落研究学会の年次大会。その地域シンポジウムでは「過疎化の中での元気なむらおこし」と題されて、鹿児島における地域づくりの事例が紹介された。しかし、その討論の中では地域づくり以上に、「限界集落」の問題に議論が集中した。

「限界集落と一口に言うが、仮性の限界と真性の限界があるのではないか。高齢化率が高い集落でも、小さく再編されながらも存続できる可能性がある。高齢化率など数値で規定するだけでなく、質的規定が大切だ」。徳野貞雄《とくのさだお》氏（熊本大学教授）は、大野晃氏（長野大学教授）が提唱する限界集落論に強い反発を表明した。

これに対し、シンポジウムの司会者でもあった大野氏は、「限界集落の規定には、高齢化率五〇％以上という量的規定とともに、社会的共同生活がどうなっているのか、質的規定もある」と反論。「量的規定も、それ以上を超えるともう無理になる、早い段階で手を入れるべきだ、という主張だ」と説明した。

この大野氏の主張に、出席していた自治体関係者も次のように応援した。「間違いなくあと数年で持続できなくなるところが出てくる。限界集落の規定は警告の意味で重要ではないか」。また別の研究者からは、「新潟県で昭和三〇年代に行った調査地を平成六（一九九四）年に再調査したら、二〇近くも集落が消えていた」との情報も示された。

議論の舞台となった鹿児島県は、「平成大合併」前にあった九六の旧市町村のうち、実に七四市町村が過疎指定を受けていた。大合併後も四八市町村中では、四二が過疎である（二〇〇七年現在）。高齢化率も二〇〇五（平成一七）年国勢調査ですでに二四・八％。高齢化率五〇％以上の自治体、限界自治体の出現も現実的な問題となりつつある。

鹿児島県は、大きく薩摩《さつま》と大隅《おおすみ》の二つの地域に分かれる。このうち薩摩地方には、人口六〇万人超を抱える鹿児島市があり、その一極集中が顕著である。他方で都市蓄積の度合いの低い大隅半島には、中心都市・鹿屋《かのや》市が約一〇万人、次が二万人弱の垂水《たるみず》市しかない（他に、平成合併でできた志布志《しぶし》市が人口約三万四〇〇〇人、曽於《そお》市が約四万人）。このことを反映してだろう。大隅半島でとくに過疎・高齢化の進行が激しい。

鹿児島県の県紙である南日本新聞では、全国に先駆けて、この時期最も早く、限界集落論を積極的に報じていた。二〇〇七（平成一九）年四月から、「特集　村が消える」がスタート、六月初旬には、県内市町村に独自アンケートを実施している。その結果からは、一〇〇近くの集落がこれから消えていくという内容が紹介され、関係者に大きな衝撃が走った（二〇〇七年六月二八日付南日本新聞）。また一連の記事では、この南大隅町周辺でも、錦江町《きんこうちょう》山添《やまぞえ》集落が一九九八（平成一〇）年に解消したことも報じられた（第1章扉参照）。こうした学会・マスコミの動きを背景に、鹿児島県も独自調査に乗り出していった。

✝南大隅町・旧佐多町の歴史

南大隅町は、二〇〇五（平成一七）年三月三一日に、根占町《ねじめちょう》と佐多町《さたちょう》が合併して設立された平成合併町である。南大隅町役場がある根占の町は、平安末期までは禰寝《ねじめ》氏の拠点であり、鎌倉期以降は島津氏の支配下に入った。島津氏の支配はそのまま近世まで続くことになる。その中で、錦江湾《きんこうわん》と東シナ海に面して、本土と南の島々を結ぶ地として、ここは交通の要衝であった。

旧佐多町は、この根占の町のさらに南、大隅半島の突端に位置する。本土で最も南にある町だ。この佐多町にも麓（府本——中世の支配拠点）が置かれ、九州の最南端にある海上交通の重要地点であった。壇ノ浦で亡くなったはずの安徳天皇が実は南の島に逃れたという、真偽はもちろん定かではないこの伝説の、中継地点としても有名である。晴れた日には、錦江湾を挟んで対岸の薩摩半島の町や開聞岳が見える。かつては、船で結ぶルートが最速の交通網であり、交通の便の最も良い場所だった。近代になって自動車交通に切り替わると、舟運《しゅううん》を前提としたこの地は一挙に交通不便の過疎地と化した。もっとも、根占まで道路が通ったのは一九三一（昭和六）年のこと。佐多まで県道が完成するのは戦後になってからである。

　地形の起伏が激しいこの町の感じは、東北でいえば、三陸北海岸の山村・田野《たの》畑村《はたむら》や、下北半島の佐井《さい》村《むら》周辺によく似ている。海岸まで山地が迫っており、平地がほとんどない。集落も多くが標高二〇〇メートルから五〇〇メートルの山間盆地に位置しているから、北東北のそれと比べて高低差も激しい。もっとも当然ながら雪もヤマセもない。ただし台風は毎年のように、この上を通り過ぎる。

写真１　旧佐多町（『佐多町50年の歩み』より）

　漁業と農業がこのあたりの地域の生業で、戦後の開拓で畜産も入るが、都市的雇用は役場や組合を除けばほとんどない。一番近い鹿屋市までも、自家用車で一時間以上かかるから、通勤する人も少ない。人口は流出し、残っているものは年寄りばかりになった。

　最大時人口は、一九五〇（昭和二五）年の一一、四九四人。その後は大きく人口減少し、二〇〇〇（平成一二）年にはすでに四〇〇〇人を切ってしまった。合併直前の二〇〇四年四月には高齢化率が四八％を超えており、「合併によって高齢化率五〇％超の限界自治体になるのが避けられた」というのが実情である。

†半数以上が限界集落――それでも高齢化による消滅なし

旧佐多町には統計区が四八ある。とりあえずこれを集落とすれば、うち高齢者が半数を超える地区が二五あって、限界集落が全体の半分以上になる計算となる。さらに五五歳以上人口比率五〇％以上の準限界集落が一五あって、残り八集落の状況も決して楽観できない。このように高齢化率が異様に高いのだが、実はもっと注目すべきことがある。

まず一つには、これだけ高齢化が進行しているにもかかわらず、いまだそれが原因で消滅した集落はないことである。これまでに消滅した集落はいくつかある。しかし、いずれも戦後に無理をして拓いた開拓村であり、古くからのまとまったむらが解消したという例はない。鹿児島県は戦後開拓を大きく進めた地域であり、内陸深くにまで開墾の道筋が入り込んでいる。その成功地は、いま農業・畜産業の主要な産地となっているが、うまくいかなかった場所には放棄された集落も過去にはあったようだ。先ほどの新聞に紹介された消滅集落・錦江町の山添集落も、こうした開拓地の一つである。しかもこの山添さえ、他の多くの開拓地がそうであるように、その耕地はまだ利用し続けられていて、完全に地域が放棄されているというわけではない。

もう一つは、お年寄りだらけの集落とは言っても、いたって元気だということだ。日本でも有数の長生き県である鹿児島では、いわゆる後期高齢者も元気である。高齢者ばかりでとくに困っているという現状にはない。また、本町から最も近い都市・鹿屋市などに子供たちが住居を構えている例が多く、たいていの場合、頻繁に様子を見に来るので、お年寄りは決して孤独ではない。

朝起きて畑をやって、昼にはバスに乗って病院や買い物がてら、佐多の町まで出て来る。近所にも町にも同じ世代の仲間がいる。時々は子供や孫が会いに来る。台風が来れば大変だが、雪もないし、年中農業ができる。海からは新鮮な魚もあがってくる。かつて戦中戦後の苦しい生活を考えれば、いまの生活は豊かで困ることなど何もないと言ってよい。調査の途中、佐多の町の中心のバス停前を通ると、付設した集会場にお年寄りの一団が集まり、夕方の日だまりの中、ゆったりと佇んでいた。その風景には、ここでの生活がいませっぱ詰まってどうしようもないという感じは微塵もない。

†しのびよる「あきらめ」

それでも、この地域のある集落の町会長A氏（六七歳・取材当時）が語った次のような話には耳を傾ける必要がある。「一〇年後、いや五年後、うちの地域は残っているだろうか」。A氏は昭和一〇年代の生まれ。Uターンで地元に戻ってきたときは二〇歳代半ばだった。そのとき周りは四〇歳代。それから四〇年経って、みな年寄りになった。逆に自分より若い人で入ってきた人は一人だけである。

「あきらめですよ」と鹿児島訛りでA氏は言う。しかも、あきらめは前から出ていて、「ねぐなっど（なくなるぞ）」でしかなく、「どげんかするや（どうにかしようや）」とか「取り戻したい」とかはないのだとこぼす。確かに、昔からの集落でなくなったところはまだない。しかしいまある場所も、「いまの代まで」という感じになってきているのだという。「あきらめ」が徐々に現れているのも現実なのである。

ともあれ、本土最南端の地においてさえ、高齢化率は高くとも、それによって消滅した集落は見られなかった。これに対し、国が行った調査でははっきりと集落消滅の事実が数値としてカウントされている。消滅した集落とは一体どのようなものなのだろうか。次に新潟県に行ってみることにした。

2 新潟県上越市・旧大島村——消えた村の実態

†豪雪地帯、急峻な地形

東京から上越新幹線で越後湯沢駅に行き、そこから北越急行ほくほく線に乗り換える。ほくほく線は一九九七（平成九）年に開通したばかりの路線で、六日町《むいかまち》を過ぎると直江津まではほとんどがトンネルで占められる。山の中を鉄道が貫き、何度目かの長いトンネルを抜けて、視界が開け、小さな盆地が現れる。ここが大島である。

この大島に来たのは、過疎化によって消えた集落があり、それも開拓村ではなく、比較的古い集落が消えた——それも一つではなく二つもあると聞いたからである。先述のように、二〇〇七年の国調査では、二〇〇〇年の調査で把握された四万八六八九集落のうち、一九一集落が消滅したとされている。このうち東北で消滅した集落は二二。国の集計では、新潟県も東北に入るが、この東北七県の消滅集落中、八つ（三六％）を新潟県が占めている（新潟県による独自集計）。この八集落がどこかということまでは公表されていないのだが、突き詰めていく中で、大島にはそのような消えた集落の事例があるということ、少なくとも消えた理由を探るヒントがあると教えられ、訪ねてみた。

新潟県大島村《おおしまむら》は、二〇〇五（平成一七）年正月に市町村合併で上越市の一部になった。同市は、一四市町村による巨大合併で生まれたもので、そのため旧来の過疎町村は外からは見えにくくなった嫌いがある。中心となる旧上越市は日本海岸に位置するが、大島をはじめ、安塚《やすづか》、牧《まき》、清里、板倉といった旧町村は、東頸城《くびき》丘陵に張り付いた山村地帯で、新潟県でも指折りの過疎地帯だ。

新潟県は東北から南西へと実に長い県だが、海岸部の町村が海に面した平野部に広く連なっているのに対し、山側の町村は沢筋に細かく分かれ、しかも奥深い。二〇〇四年の新潟中越地震の被災地、山古志《やまこし》や川口、小千谷《おぢや》の山の深さをご記憶の方も多いだろう。そしてこれらがみな、山奥にあるだけでなく、豪雪地帯である。

上越市大島区は、ほくほく線で東京方面から来れば、いわば上越への入口に当たる。大島区はさらに四つの行政区からなっている。ほくほく大島駅そばの町並みが保倉《ほくら》地区で、もとの大島村の中心部である。ここはまだ比較的高齢化率は低い。これに対し、保倉の北側に位置する旭地区、そしてすぐ南側の大島地区では高齢化率が高くなる。限界集落があるのもこの二つの地域である。南端の菖蒲《しょうぶ》地区は、県境を越えて信濃川流域と接している地の利があるからだろう、高齢化率は比較的高くない。

問題の消えた集落は、大島駅から車で三〇分ほどの山間部にあった。大島総合支所職員のB氏・総務地域振興グループ長（六〇歳＝当時）に案内してもらい、現場である旭地区に向かう。支所のある保倉地区でもすでに「山の中だなあ」と感じていたが、車は急なカーブをさらにのぼっていく。

まず板山という集落に入る。ここも準限界（五五歳以上人口比率五〇％以上）。そこからさらに田麦《たむぎ》という集落にのぼっていくが、ここが旭地区の中心地であった。かつては縫製の誘致企業もあったが、いまは営業していない。

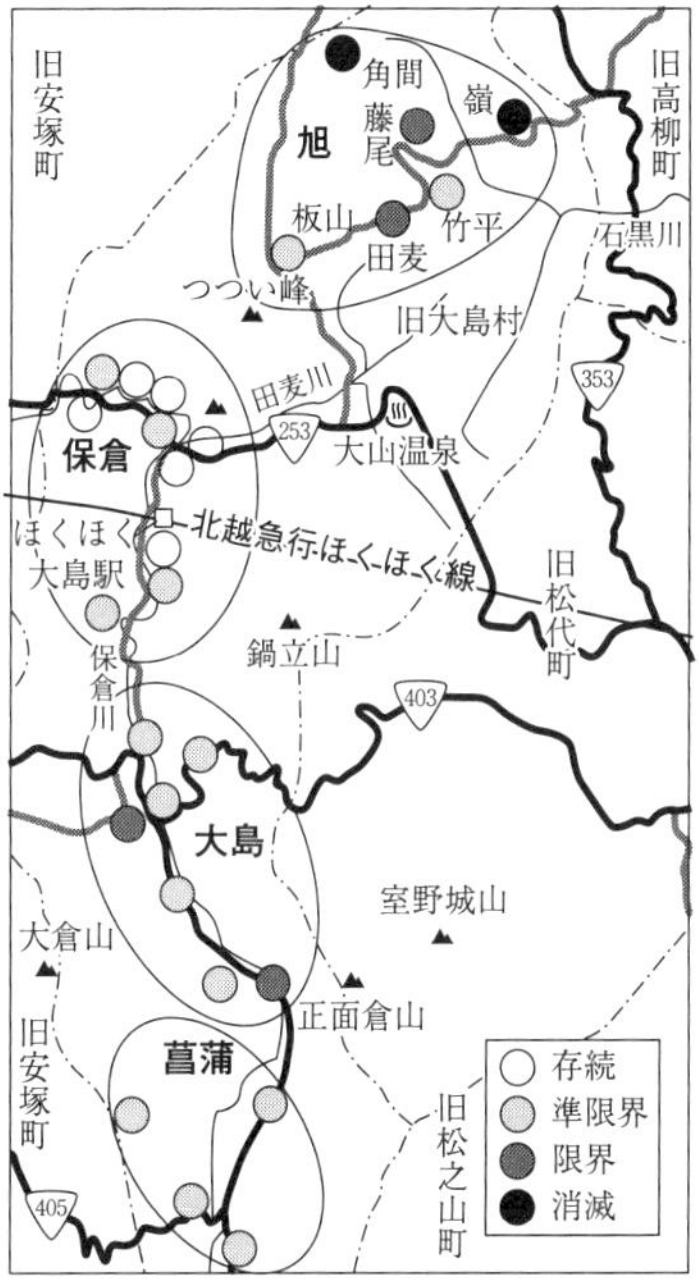

図２　旧大島村の集落展開

ここからさらにのぼって藤尾という集落に入った。いまはここで集落は終わりであるが、さらに奥に、消えた集落・角間《かくま》と嶺《みね》があったという。ともかく、地形の急峻さに驚く。しかも豪雪地帯である。訪れたのは三月。まだ雪がたっぷりと残っていた。

旧大島村南部にある大島、菖蒲の両地区は、保倉川沿いに展開し、村の中心となる保倉地区（標高七〇メートル）から南端の集落・菖蒲東（同四〇〇メートル）まで、約一〇キロメートルをゆっくりとのぼっていく。それに対し、町北部にある田麦川支流の旭地区では、同じく四〇〇メートルほどの高低を、四～五キロメートルの短い区間でのぼり、地形がきわめて急峻である。さらに旭地区の東半分は分水嶺を越えて柏崎の方へ注ぐ石黒川の流域になり、消えた集落・角間と嶺は、こうした山の稜線沿いにあった集落であった。

†出稼ぎと東京からの近さ

この地域が大きく人口減少したのは一九六〇年代である。農業は稲作中心で、山向こうの魚沼コシヒカリと並ぶ良質米がとれるが、山がちの地形で棚田の水田であり、零細農家が多い。それもいまは現在七〇歳前後の高齢者が経営している状況である。

かつては農業プラス出稼ぎで生計を立ててきた。出稼ぎは土木工事もあったがこれは夏で、冬期間は酒杜氏《さかとうじ》、また保倉ではふぐ料理職人、大島では焼き芋屋に行っていた。

この町の出稼ぎの歴史を『大島村史』から探ると、東京・関東や大阪など、早い時期からの大都市圏との密接な交流が目につく。焼き芋屋や風呂屋などは、村の先駆者が出先で仕事を得ると、「ここはいいぞ」と村の者を誘った。そのうちに上越市や柏崎市などの新潟の都市が発達してくると、そちらに稼ぎに出る者も現れる。そして、若い者たちが都市に働きに行って定着すると、親たちが呼び寄せられて、挙家離村が始まった。

嶺はこうして消滅した。一九六五（昭和四〇）年には三〇戸あったこの地域が、一九七五年では九戸、最後まで一戸が残っていたが、八〇年代には消滅し、閉村式も行ったという。いま現地には閉村記念碑も建つ。もっとも、出て行った人の多くは柏崎の方に集住していて、いまもまとまって新・嶺集落を形成しているようなものだという。

角間も同様に、一九六五年に二五戸だったものが、一九七五年には七戸になった。この七戸も順に消えていったが、それでも二〇〇五年までは二戸の高齢者世帯が残っていたため、長く消滅集落にはならなかった。しかし、この二戸がつい最近なくなり、平成に生じた自然消滅としてカウントされることとなった。とはいえ、実質は嶺と同様に一九八〇年代の消滅と考えるべきものという。

いずれにしても、ここでは「過疎」が最初に騒がれた一九六〇年代（第一次過疎）に急速に人口減少が進んでおり、若い人から年寄りまでひっくるめた挙家離村さえ進行していた。それが集落消滅にまでつながっていたのである。こうした過疎化の先進性は、先の鹿児島や北東北の事情などとは大きく違うところである。

挙家離村は、「仕事がないのでやむをえず」とも言えるが、逆に言えば、都市部での仕事の獲得が確実であったからこそ行いえたものでもある。南九州や北東北ではまだこの時期、関東・関西圏へのアクセスは悪かった。新潟は、関東に近かったからこそ、かえって早い時期に人口流出が始まり、挙家離村も行われたのだと言ってよい。さらにまた、道路整備や除雪対策は、山間部の険しいこの地域にはなかなか及ばなかった。生活格差は、当時の新潟の都市部と比べても非常に大きなものと感じられていた。もう少し待っていれば、嶺でも高齢者のみで生活できる環境が現れていたのかもしれない。事実、訪れたこの村の跡にはいまは道路も舗装され、除雪も入るので冬でも自由に行き来することができる。田畑もいま、別の集落の人たちが借りたりなどして耕作が続いている。現在のこの条件がもっと早く達成されていたなら、挙家離村は選択されなかったかもしれない。

†高齢化による集落消滅はなかった

さて、あることに気づかないだろうか。最初の問いに戻ろう。消えた集落とはどんな集落か。その典型は、実は嶺のように、こうした一九六〇年代から七〇年代にかけての、急激な人口減少と挙家離村によるものなのである。そのうち角間のように、実質的には村としての命は終わっていたものの、一〜二軒が都合があって残っていたところもあった。それが近年、残っていた家がなくなって集落消滅が記録されるに至り、平成期の集落消滅となったようなのである。

先述したように、二〇〇七年国調査を新潟県で独自に集計した「過疎地域等における集落の状況に関するアンケート調査結果（新潟県集計）」によれば、新潟県で一九九九年から二〇〇六年の間に消滅した集落は八件と報告されている。もっともこれらがすべて自然消滅というわけではなく、その消滅の理由には集団移転事業、公共工事、廃鉱による廃村、自然災害による分散転居があげられており、自然消滅は実は半分の四件にすぎない。そしてそのうちの一つがここで見た角間と思われ、これもまた「高齢化による社会的共同の縮小、そのことによる消滅」（限界集落化による消滅）とは言えない。むしろ第一次過疎期の消滅（挙家離村による消滅）と考えた方がよく、残りの三ケースもおそらく同様だ。

確かに過疎化による集落消滅は過去にはあった。とはいえそれは、集落が元気で人口も若いときの発展的な解消だった。農地は現在もその多くが使われていて、いまその現場を見ても家屋がないだけで荒廃しているという印象はない。出て行った人たち自身も、出て行った先に新集落のようなものを形成していて、この時期の集落消滅は必ずしも崩壊を意味しない。限界集落論が想定する、高齢化による集落の消滅事例は実のところ、全国の中ではっきりと現れているものではない。鹿児島にも、新潟にもなかった。

とはいえ、現在残っている集落に、限界が訪れる可能性が全くないかというと、それはそれでそんなことはない。すでに戸数の減少が始まっており、その中には子供のいない集落も含まれている。むろん、元気にリーダーが率先して活動している限界集落もある。しかし全体に、一〇年先を考えるのを避けている感じはあると言う。B氏によれば、最近、役場で「災害時要援護者プラン」をつくったが、そのときも、すでに声かけなどやっているのでプランは必要ないと言うほど、お互いの互助はまだしっかりしていた。消防団も高齢化はしているがまだ健在である。高齢化で困っているという声も聞いたことがない。しかし、例えば一九八〇年代の大雪で、会う人会う人「あーこんなとこいられねえ」と言い合っていたことを思い出すという。このとき、もう数年豪雪が続けばどういうことになっていたか。高齢者ばかりで今後どうなるのかという問題——それはそれでじっくり考える必要はあるのである。

3　京都府綾部市——水源の里の取り組み

†シンポジウムからの発信

二〇〇八（平成二〇）年六月、次に京都府に足を伸ばしてみることにした。

京都府綾部《あやべ》市は、京都の北部に位置し、舞鶴市を挟んで日本海に面している。綾部は全国の過疎地に呼びかけて「全国水源の里連絡協議会」を組織した自治体として有名になった。

過疎地域の問題なのになぜ京都に、と思われるかもしれない。実はそもそも過疎先進地は、青森や先ほどの鹿児島など、中央日本から最も遠いところにある地域ではない。例えば、沖縄などになると過疎とは無縁の、いまだもって人口増加地域である。むしろ後で見るように、島根や高知といった中国・四国の山間部が過疎問題の先進地なのであり、いま見た新潟の事例も関東に近いからこそ生じたものであった。関西周辺の山間部も、一九六〇年代に初めて過疎が取り上げられたときは代表的な過疎地帯とされており、過疎問題が最初に取り沙汰された頃の報告として著名な『日本の過疎地帯』（今村幸彦編著、一九六八年、岩波新書）の冒頭が、京都市北部の事例から始まっていることなどもよい例である。

二〇〇七年一〇月に、綾部市が呼びかけて開催した全国水源の里シンポジウムは、全国九一市町村から約一八〇人もの人々が出席、広く報道され、綾部は限界集落問題で一躍全国に知られる存在となった。このシンポジウムでは、限界集落論の提唱者である長野大学教授・大野晃氏を招いて基調講演を行うとともに、アミタ持続可能経済研究所顧問・嘉田《かだ》良平氏進行によるパネルディスカッションで、過疎地域・限界集落の現状を確認し、その再生へ向けて、河川の上流と下流が手をつなぎ、水源の里を守る運動を進めることが提唱されている。このシンポジウムを契機に、全国一四六の市町村による全国水源の里連絡協議会が結成された。

綾部市では、それ以前から、過疎・高齢化の対策として、過疎集落を水源の里と位置づけて再生する道を模索していた。二〇〇六年に水源の里を考える会を設置、地元住民や有識者で構成されたこの会で、地域課題の把握や解決策を話し合った結果、同年一二月に水源の里条例を制定した。この条例を用いて、「一、空き家を利用したIターン対策、二、農林業体験事業による都市との交流、三、トチモチ加工などの地域産業育成、四、生活基盤の整備」を進めている。この条例は、京都新聞が早くから取り上げており、当初からマスコミの応援の効果も大きかったようだ。

最近、市が新しく建てた定住促進住宅に二軒のIターン者が入った。自力で自宅を確保した一軒を含め、合計三軒のIターンが実現している。マスコミなどが取り上げてくれた効果が具体的に現れたものと言えそうである。だが、Uターンについては将来に向けて希望はあるものの、現時点ではないという。また残っている空き家も、結局は仏壇などがまだあって利用されているので、流入人口を受け入れる受け皿にはなっていない。市ではわざわざ新しく住宅を建てて、新しい人口を迎えている。

水源の里シンポジウムの開催で、全国レベルで過疎の村・水源の里として自分たちをアピールすることに成功した綾部市には、Iターンの希望のみならず、全国から様々な支援の声も集まってきた。とはいえ、取り組みはまだ始まったばかりで、模索が続く。

†下流が上流を支える

「水源の里」というアイディアには、この地域の特性がよく表れている。

綾部市は、下着メーカー・グンゼ発祥の地だ。いまでも綾部の中心市街地はグンゼの企業城下町であり、紡績工場が立ち並ぶ。その市街地まで幹線道路や高速道路が入り込んでおり、日本海側の交通網の結節点の一つでもある。しかしこの市街地から上林川《かんばやしがわ》を溯り、福井県境に向かってのぼっていくと風景は一変する。市内にある全部で一九五集落（統計区）のうち、こうした川の上流部に位置する三八の集落が高齢化率五〇％以上の限界集落となっている。なかでも奥上林に位置する五集落が、戸数も少なく、少子化も進んでいるため、とくに条例で水源の里と規定した。これらはすでに高齢化率六〇％以上。一〇〇％

の集落も二つ含まれる。下流域の支援で、その水源地域を守ろうという発想は、こうした地理的状況を念頭に置けば自然ではある。

水源の里づくりには、当初、地元の人々は消極的だったという。過去にもむらおこしはやったので、「またか」という気持ちもあったろう。しかし、条例の制定でいまはやる気も出てきており、現在、休耕田を使ったフキの栽培などの模索も始まっている。

それにしても地域間格差が明瞭である。町の中心部から山間部に入ると、子供の姿が全く消えてしまう。ある地域の自治会長は、このことについて、息子たちを「出すだけ出した自分たちの責任だ」と自嘲気味に語ってくれた。

綾部はグンゼの企業城下町であり、これまで見た鹿児島や新潟の事例と比べると、工業化の恩恵が全くなかった場所ではない。しかし、徒歩交通の時代では、山奥の村から綾部の町はあまりにも距離がありすぎた。そのため、この周辺ではグンゼの雇用の恩恵にあずかるという選択肢はとらずに、それどころか、綾部の町には見向きもしないで、むしろ積極的に市外へと、教育をつけて子供たちを送り出したという。結果として、京都市などの遠くに子供たちが出払ってしまい、年寄りだけが取り残されてしまうこととなった。

ところで、「水源の里」という考え方は、限界集落論を提唱した大野晃氏の考えにも沿ったものである。大野晃氏は、限界集落問題解決のために、流域共同管理理論を提唱し、下流域の住民が、上流にある過疎山村を守るべく、山村再生法のようなものを制定して支援していくべきだと主張している。自治体の枠を超えたお互いの助け合いとともに、環境保全の考え方を取り入れた、山間集落の新たな位置づけを提唱しており、まさに妙案である。

とはいえ、山村だけでなく、沿岸部の海村や町の中にも、高齢者の多い限界集落は数多い。地域再生は、多様な地域のあり方に沿った形で追求される必要もある。

さて、ここまで見てきた鹿児島、新潟、京都の事例からも過疎問題の現時点が理解されよう。高齢化による集落の消滅はまだ生じてはいないが、他方で少子高齢化は大きく進んだ。これに対して対策はまだ始まったばかりなのである。

次に、過疎の最先進地を訪れることにしよう。まずは過疎問題が最初に取り沙汰された地・島根県、そして次に近年急速に過疎高齢化の先進地となりつつある秋田県を取り上げたい。そして最後に、限界集落論の発祥の地となった高知県を訪ねよう。

4　島根県邑南町――過疎問題の先進地で

†過疎問題が最初に現れた地・島根

先述の通り、「過疎」という語は比較的新しい行政用語である。一九六〇年代、高度経済成長の中、多くの若者が働く場を求めて、発展する太平洋ベルト地帯の都市圏に集中し、農山村部や地方の過疎問題がクローズアップされた。この状況に対し、国土の均衡ある発展を目指す国の旗振りのもと、過疎対策が実施された。過疎地域対策緊急措置法（通称・過疎法）の制定は一九七〇年。以来、現在まで、名称は変わりつつも過疎法は四〇年以上継続されてきた。

島根県は、この過疎問題が最初に取り沙汰された過疎の最先進地である。島根が過疎先進地というのは、考えてみれば不思議な感じもする。日本の中央である関東・関西から最も遠いところほど過疎化が急速に進みそうなものだ。しかし、過疎の最先進地は中国地方、なかでも島根県なのである。現行の過疎法でも、島根県は市町村数の割合で過疎地域が九〇・五％となっており、依然第一位である。実は、「太平洋ベルト地帯からほどよく近く、またほどよく遠い、山脈の向こう側の山村」に過疎の先進地帯がある。筆者が長く関わっている青森県などは、先進工業地帯から十分に遠かったため、この時期の急激な人口流出をまぬがれた。新潟の事例でも見た通り、先進工業地帯からのほどよい近さは、かえって人口流出を促す要因となったのである。

島根県の人口は、大きく東に偏っている。出雲市・松江市はいずれも県の北東部にある宍道湖《しんじこ》周辺に位置しており、さらに県境を越えて向こう側には鳥取県の米子市がある。過疎地帯は県の西部に広がっている。なかでもその南側の県境付近に過疎の先進地はある。筆者はまず出雲に入り、そこから調査地邑南町《おおなんちょう》へと向かうことにした。

出雲の地から西南に山陰本線を進んで大田市《おおだし》駅に到着。車で山道を邑南町へ。邑南町は合併したばかりなので馴染みのない方も多いだろう。石見といった方が分かりやすいかもしれない。二〇〇七年に世界遺産に登録された石見銀山（大田市）もこのエリア。銀山への入口横を通り過ぎ、一時間ほどで邑南町役場に到着した。

†過疎の現状

邑南町は、石見町、羽須美村《はすみむら》、瑞穂町《みずほちょう》の三町村の合併で二〇〇四（平成一六）年に設立された。町境の向こうは広島県であり、中国山地のまっただ中にある。

役場のある石見地区の周辺には盆地が広がるが、全体に山がちの地形で、小さな集落が広く点在する。集落点在の理由には、この地特有の歴史もある。たたら製鉄で有名なこの地域だが、製鉄で林木が利用されてできた空き地に畑が開墾され、そこに人々が住みついて村となっていったと考えられている。そのため、かなりの山間にも集落が点在する。有名な三八《さんぱち》豪雪（昭和三八年・一九六三年）では、こうした地形のために交通が途絶し、この災害を機に多くの人が山を下りた。この豪雪こそ過疎問題の原点となった災害として、一般に認識されているものである。

高齢化も進む。二〇〇五年国勢調査で四九・五％で、調査時現在では五〇％を超えているという。二一六集落（統計区）中、七一集落、三二・九％が六五歳以上人口半数以上の限界集落である。集落が点在しているため、学校も集約できず、六〇〇人を切る児童に対し、いまなお九校が運営されている。

もっとも、実はとくに生活上問題となっていることはない。地形は山がちといっても急峻な山は少ないため、広域的な交通網から見ると、県境にあることは有利にも働く。つまり、日本海側に出るよりも、広島県側に出る方がかえって便利だ。この取材でも、帰りは高速バスを利用して、広島空港から青森に戻ってきた。このあたりの人々にとって、広島

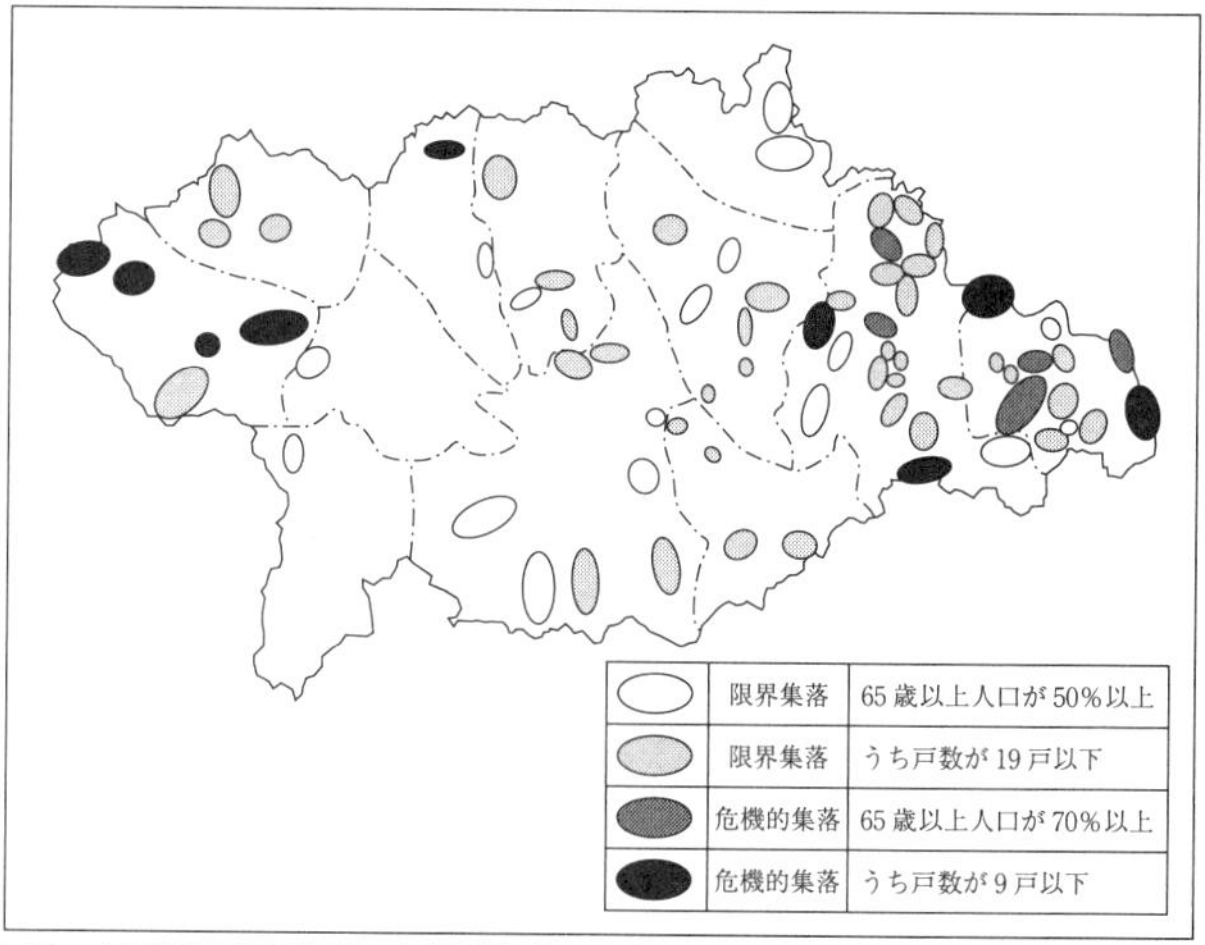

図3　邑南町の限界集落・危機的集落の分布

は近くはないが、遠いわけでもない。週末になると、広島からの観光客がこちらに訪れる。こうした都市住民を相手に、グリーンツーリズムを企画する動きもある。

　さて、ここ邑南町にもやはり、いわゆる消滅集落はない。集団移転のケースはあるが、もとの耕地は残っていて、夏は山の方の家に戻って生活している。高齢者たちも元気だ。

　しかし、問題がないわけでもない。すでに戸数の減少が大きく進んでいる。先ほど限界集落が七一あると述べたが、これらは比較的規模の小さな集落が多く、二〇戸未満が三分の二を占める。また限界集落のうち六五歳以上人口比率が七〇

％を超える集落が一四もあり、うち戸数一〇戸未満が九集落ある。村ではこうした高齢化率の高い集落で、かつ戸数のとくに少ない集落を危機的集落と位置づけている。

町ではこうした危機的集落で町会長へのなり手がないのを危惧し、数集落をまとめて運営する形へと地区の再編を進めている。石見町ではすでに昭和四〇年代から進めてきた対策でもあった。集落対策としては、一つはこの集落数の縮小再編成で臨むつもりだという。

†それでも集落問題はごく近年のもの

島根県は過疎の先進地だが、限界集落の問題はここでも、これまで見てきた他県とほぼ同様の段階であった。人口の減少は大きく進んだ。しかしその多くは長男など、家を継ぐべき者が継いでおり、あるいは比較的近くに子供たちが居住していて、一定の戸数は維持されている。だから人口は減少し、高齢化しながらも、これまでは集落消滅を恐れるようなことはなかった。

しかし近年、ついに高齢化の度合いが上限を超えたのか、戸数の減少が見られるようになってきた。中には数戸にまで縮小してしまっている場所もあり、そうした戸数の少ない集落では地域の共同に問題が生じ始め、集落を再編することが必要になってきている。

過疎高齢化による集落の限界・消滅は、過疎先進地ですら頻繁に観察されるような事態ではない。しかし、今後はというと、十分に警戒すべき状況にもなりつつある。これは過疎問題を早い時期に強く経験したところと、そうでないところとで違いはない。ともかくも、各地域で迎えている現状の差は、ごく小さなものでしかないようだ。今度は北の過疎先進地帯・秋田県を訪ねてみることにしよう。

5　秋田県藤里町――急速に進んだ高齢化

†高齢化率トップとなった秋田県

二〇〇九（平成二一）年、秋田県はついに高齢化率でトップの都道府県となった。数値は住民基本台帳上のものであり、二〇一〇年に実施された国勢調査の最終結果が公表されれば、正式に高齢化日本一の県となるだろう。

このことは地味なニュースに見えるが、過疎問題を考える上では非常に重要な事態なのである。というのも、ある時期まで、過疎・高齢化は西南日本が先進地であり、東北日本、中でも北東北はそれほど問題にはならないと考えられていた。それがついに西南日本を追い越したかもしれないからである。

東北は家族制度がしっかりしている。家を継ぐ意識が高く、お年寄りを大事にする。ゆえに、過疎化や高齢化はそれほど進行しない——東北日本と西南日本を比較して、かつてはそのように言われてきた。しかしながら、そうした状態はせいぜい一九七〇年代まで。以後、東北でも事態は急速に進展し、秋田県はついに高齢化率のトップに躍り出た。

表1を見ていただきたい。これは、全国各県を高齢化率の順位で並べたものである。青森、秋田、岩手、そして山形の北東北各県の動きに注目しよう。過疎問題が騒がれ始めた一九五〇年代、これら三県の高齢化率は全国の中ではほぼ最下位に並んでいた。西高東低は明らかであった。

しかしながら、その後半世紀を経て、北東北の人口構成状態は西南日本に完全に追いついている。なかでも秋田の動きは驚くべきものである。二〇〇〇年現在で三位、二〇〇五年には全国二位に躍り出た秋田県の高齢化率は、いま述べた通り二〇一〇年の国勢調査では、島根県を追い越して一位になると予想されている（表1は抽出集計から作成したもの）。

ちなみに秋田県では、過疎の市町村数が七六％を占める（以下、数値・順位は二〇〇九年）。これは全国で七番目。秋田県の人口の半分以上が過疎地域に住んでいることになっている。面積で見ると七割以上が過疎市町村であり、これは全国で第三位になる。他にも、若年者比率四七位、幼年者比率も下から二番目（四六位）。二〇二〇年には人口一〇〇万人を切り、高齢化率は県全体で三六％になるだろうと推計されている。

このように、秋田県は日本の中でもとくに過疎化・高齢化が激しく急速に展開してきた地域である。変化が激しい場所は、人々の生活を不安定にする。実は秋田はさらに、自殺率でもトップにいる。自殺予防は秋田の過疎対策の主要な事業の一つにもなっている。北東北は、社会問題の先進地と言ってもよい場所になりつつあるのである。

1950年		1970年		1990年		2010年	
1 島根	7.1	1 高知	11.4	1 島根	18.2	1 秋田	30.2
2 高知	6.6	2 島根	11.2	2 高知	17.2	2 島根	29.1
3 徳島	6.6	3 鹿児島	10.1	3 鹿児島	16.6	3 山形	28.8
4 岡山	6.6	4 鳥取	9.9	4 山形	16.3	4 岩手	28.4
5 香川	6.3	5 岡山	9.7	5 鳥取	16.2	5 山口	28.1
6 鳥取	6.3	6 徳島	9.6	6 長野	16.1	6 高知	27.9
7 滋賀	6.3	7 大分	9.5	7 山口	15.9	7 鹿児島	27.0
8 福井	6.3	8 香川	9.5	8 秋田	15.6	8 長野	26.9
9 和歌山	6.2	9 熊本	9.4	9 大分	15.5	9 新潟	26.9
10 愛媛	6.1	10 愛媛	9.4	10 徳島	15.5	10 和歌山	26.3
11 広島	6.1	11 長野	9.4	11 熊本	15.4	11 愛媛	26.3
12 三重	6.1	12 佐賀	9.3	12 愛媛	15.4	12 鳥取	26.0
13 大分	6.0	13 和歌山	9.2	13 香川	15.4	13 宮崎	26.0
14 石川	6.0	14 山口	9.1	14 和歌山	15.3	14 富山	26.0
15 熊本	5.8	15 三重	9.0	15 新潟	15.3	15 徳島	25.9
16 岐阜	5.8	16 山梨	9.0	16 佐賀	15.1	16 大分	25.8
17 山口	5.7	17 福井	9.0	17 富山	15.1	17 熊本	25.8
18 奈良	5.7	18 滋賀	8.9	18 岡山	14.8	18 福島	25.7
19 千葉	5.7	19 山形	8.5	19 山梨	14.8	19 青森	25.5
20 長野	5.6	20 宮崎	8.4	20 福井	14.8	20 長崎	25.1
21 鹿児島	5.5	21 長崎	8.2	21 長崎	14.7	21 三重	25.1
22 茨城	5.5	22 広島	8.2	22 岩手	14.5	22 岡山	24.9
23 山梨	5.4	23 石川	8.2	23 福島	14.3	23 北海道	24.9
24 富山	5.3	24 富山	8.1	24 宮崎	14.2	24 佐賀	24.9
25 佐賀	5.2	25 新潟	8.1	25 石川	13.8	25 香川	24.8
26 新潟	5.2	26 奈良	8.0	26 三重	13.6	26 群馬	24.6
27 京都	5.1	27 福島	8.0	27 広島	13.4	27 福井	24.4
28 沖縄	5.0	28 京都	7.9	28 群馬	13.0	28 山梨	24.3
29 長崎	5.0	29 岐阜	7.9	29 青森	12.9	29 岐阜	24.2
30 愛知	5.0	30 群馬	7.9	30 岐阜	12.7	30 静岡	23.8
31 静岡	5.0	31 茨城	7.9	31 京都	12.6	31 広島	23.7
32 埼玉	5.0	32 栃木	7.7	32 福岡	12.4	32 京都	23.6
33 宮崎	4.9	33 福岡	7.3	33 栃木	12.3	33 石川	23.6
34 兵庫	4.9	34 秋田	7.3	34 静岡	12.1	34 奈良	23.1
35 栃木	4.9	35 岩手	7.3	35 滋賀	12.0	全国	22.9
全国	4.9	36 静岡	7.1	36 北海道	12.0	35 兵庫	22.8
36 群馬	4.8	全国	7.1	全国	12.0	36 宮城	22.8
37 福島	4.6	37 兵庫	6.9	37 兵庫	11.9	37 茨城	22.6
38 岩手	4.4	38 宮城	6.9	38 茨城	11.9	38 栃木	22.3
39 福岡	4.3	39 沖縄	6.6	39 宮城	11.9	39 大阪	22.0
40 山形	4.3	40 千葉	6.3	40 奈良	11.6	40 福岡	21.3
41 宮城	4.1	41 青森	6.3	41 東京	10.5	41 千葉	20.8
42 神奈川	3.9	42 北海道	5.8	42 沖縄	9.9	42 埼玉	20.5
43 大阪	3.7	43 愛知	5.7	43 愛知	9.8	43 滋賀	20.3
44 青森	3.7	44 大阪	5.2	44 大阪	9.7	44 神奈川	20.2
45 北海道	3.7	45 東京	5.2	45 千葉	9.2	45 愛知	20.0
46 秋田	3.3	46 埼玉	5.1	46 神奈川	8.8	46 東京	19.9
47 東京	3.2	47 神奈川	4.7	47 埼玉	8.3	47 沖縄	16.9

表１　各都道府県の高齢化率と順位（国勢調査より作成。2010年は抽出集計から計算）

†人口動態調査から分かること

秋田県総合政策課によれば、二〇〇八年の人口統計で秋田県の人口は一一二万人。この数年は年間で約一万三〇〇〇人が減少している。人口減少数は年々伸びており、例えば約十数年前、一九九五〜六年の間の減少数は三三四七人にすぎなかった。この頃からしても四倍ほどに増えていることになる。

第1章で過疎問題の時期区分を示す際にもふれたように、人口の増減には二つの側面がある。一つは社会増減といわれるもので、転入と転出の差だ。もう一つは自然増減と呼ばれ、死亡数と出生数の差である。

一九六〇年代から始まる過疎現象は当初、社会減によって引き起こされてきたものだった。入ってくる人よりも、出て行く人が多い地域が過疎になった。こうした第一次過疎が収まった後、一九九〇年代に、過疎は新たな段階に入った。「新過疎」と呼ばれたこの時期の人口減少は、生まれてくる人よりも、死にゆく人の方が多いことによる自然減によるものであった。社会減はかつてほどではなくなったが、自然増減がプラスからマイナスに転じたことにより新たな人口減少が生じた。全国に先駆けて、一九九三年より自然減に突入したのがこの秋田県である。

自然減少はその後十数年を経て、ますます進展してきている。一九九六年の段階では、自然減少数は一年間でまだ一一八一人にすぎなかった。割合にして〇・一%。これが年々増大を続け、二〇〇七年には六〇〇〇人近くになっている。割合にして〇・五%。一〇〇〇人の集団が、一年に五人ずつ少なくなっていく計算だ。

話はそれだけではない。実は社会減少数が近年、同様に増えてきているのだ。社会増減の内訳を見ると、転出はつねに二万一〇〇〇人ほどで、ここ一〇年ぐらいは変わっていない。一五~二九歳の年齢階級が一番多く、これは就業場所を求めての若者の移動であろう。これに対し、転入は一〇年前には二万人近くあったものが、現在では一万五〇〇〇人に減った。Uターンが少なくなってきていることのほか、近年の不況による支店経済縮小の影響が考えられる。ともかく、社会増減でも年間六〇〇〇人以上が減少している形になっており、自然減少とあわせれば、年一%(一〇〇人に一人)が減っている計算だ。

国立社会保障・人口問題研究所による秋田県の将来人口推計では、二〇一〇年には一〇〇万人を割り、二〇三〇年には八四万七〇〇〇人になると計算されている。高齢化率も四〇%を超え、後期高齢者率も二五%を超えてくるだろうという。

†地域別には北部が問題

　ところで、いま見た県レベルの人口の現状と将来予測を、さらに市町村別に見ていくと、秋田県内の格差の大きさが浮き彫りになる。

　秋田県は秋田市への一極集中が顕著である。これに対し過疎化は、山間部、なかでも青森県と境を接している米代川《よねしろがわ》沿いの県北地域で今後最も激しく進行するとされており、さらに山形県に接する県南地域が続く。秋田市から最も遠いところが厳しいのだ。なかでも旧町村単位では、旧阿仁町《あにまち》（現北秋田市）が二〇〇〇年を基準として二〇三〇年までに五〇％以上の人口が減少するとされていて、最も変化が大きい。逆に、秋田県内で今後少しでも人口増加が見込まれているのは秋田市とそのそばの潟上市《かたがみし》、そして由利本荘市《ゆりほんじょうし》くらいである。

　人口減少がとくに激しいとされる場所は山間部に位置し、一九七〇年代の産業転換によって雇用が急激になくなり、若年層が外に出て行かざるをえなくなった地域である。それでも、そこに残った人々がいる限りは、地域社会はつつがなく続けられてきた。しかし、その人々も徐々に年老いて高齢化すると、生まれてくる人間よりも死にゆく者の方が多くなってくる。こうした過疎高齢化の進行プロセスはどこでも同じだが、秋田では最もはっきりと、急速に表れているようだ。

こうした過疎高齢化の中で、集落レベルの事情はどのように推移しているのか。秋田県農山村振興課によれば、秋田県内の小地域数三八三五地域のうち、六五歳以上人口比率が五〇％を超える限界集落が九三、五五歳以上人口比率五〇％を超える準限界集落が八〇一あったという（二〇〇五年国勢調査からの集計）。約四分の一が、今後問題が予想される集落ということになっている。

さらに県で二〇〇七年度におこなった「農業集落のコミュニティ機能の実態に関する調査」では、コミュニティ活動の実態から、集落としての存続が危惧される集落が九八三、うちきわめて危険な集落を九四集落と見積もっている。

こうした集落では、高齢者の増加の中で、独居老人（高齢者の単身世帯）をどう生活支援していくのかが課題となっている。また若い人がいないため、集落機能が低下し、冬期間の除雪や伝統文化の伝承など、これまで助け合ってやってきたことができなくなっている。介護や医療に対するニーズが複雑化する中、財政難のため、行政サービスも行き届かなくなるのではないかとも心配されている。実際、過疎市町村で組織する秋田県過疎地域自立促進協議会のアンケート調査でも（二〇〇八年五月）、集落の地域活動の衰退、労働人口の減少や産業の衰退が指摘され、その根幹にある問題として日常生活への支障が問題視されている。具体的には、生活バス路線の廃止、医師不足による医療崩壊、携帯電話やインターネットなど通信設備の未整備などがあげられている。

農業面も深刻だ。秋田県の農業は七、八割がた米に頼った構造のため、米価の低下が生活に直撃するが、雇用の場がないため兼業先も確保できないという話も聞こえてくる。

秋田県の場合、もともと鉱業および林業が大きく発達し、経済の中心を占めてきた歴史があり、とくに一九五〇年代までの急速な発展と、七〇年代後半以降の急激な斜陽化が、地域の人口事情に大きなゆがみを生じたようだ。出稼ぎも、一九七〇年代には青森がトップになったが、もとは秋田が盛んであった。農業面でも稲作への依存度が高く、そのため減反の影響をもろに受けた地域である。産業構造の大変動、国策の変化、グローバル化の波を、北東北で最も正面から受け止めたのが秋田県であった。

とはいえまた、この秋田県でさえ、高齢化率などが上がっていても、生活にとくに支障はないので、いまはまだ大きく問題になっているということもない。筆者自身、この時期、青森県というすぐそばにいながらとくに気にかけなかったのはそのためである。むしろふだん見ている地域社会は、年寄りばかりになっているとはいえ、それなりにしっかりとしていて健全でさえある。数値で受ける印象と現実とではずいぶんと差もあるわけだ。

マスメディアで紹介される過疎集落のレポートは、どうもしばしば数値から受ける印象の方を真に受けすぎ、それゆえに現実から大きく離れてしまって、やたらと「問題だ」ということを強調しすぎる嫌いがある。むろん、思い込みは取材にはよくあることだ。しかし、現実を前にそれをどう修正していくかが本来問われなければならないはずだ。

過疎地の現場では、取材に来た記者に「大変でしょう?」と聞かれて、ついうっかり「ええ大変です」と答えてしまっていることが多いようだ。それどころか、「問題はないか?」としつこく問う記者に、根負けしている様子さえうかがえる。場合によっては、遠いところまで来て気の毒だと、現場の方であわせてあげていることもありそうだ。実際、それに似たようなことを筆者は何度も目撃してきた。そんな取材でつくり上げられていく限界集落のイメージが、あたかも現実であるかのように一人歩きしていることに、多くの人々が困惑しているのが実情なのである。過疎高齢化問題の現実を正確にとらえ、真実を慎重に見抜いていく必要がある。

次に、過疎先進地・秋田県でも具体的な事例を掘り下げていくことにしよう。

†秋田県藤里町——鉱山・林業衰退による過疎

集落問題の行く末は集落の消滅で終わるが、身の回りで「消えた村」として思い起こされるものはどれくらいあるだろうか。ダム移転に開拓の失敗、鉱山の閉山、さらには集団移転事業。こうしたものを数えていってもそれほど多くはないはずである。

それに対し、秋田県には、多くの消えた村があるとされている。佐藤晃之輔氏による『秋田・消えた村の記録』（無明舎、一九九七年）では、一二五の消えた村が報告されている。こうした消えた村・消えた集落の実情を確認するべく、二〇〇八（平成二〇）年一一月、青森県との県境にある、秋田県藤里町《ふじさとまち》に向かった。

二〇〇八年一一月七日、秋田県藤里町にあるいやしの宿清流荘に、北部地区の住民、男女五人が集まってくれた。我々弘前大学人文学部社会学研究室の調査に応えるためである。清流荘は、この八月一日にオープンしたばかり。一泊二食付で六五〇〇円。地元の山のものや川魚、郷土料理などを食べさせる。昼食だけ、また山を散策する弁当だけという要請にも応える。過疎化が進むこの地域に少しでも収入をという、町の過疎対策の一環で始めたものである。

藤里町には、まだ藤里村であった一九五五（昭和三〇）年当時、九三二四人の人口があった。一九六三年一一月には町制施行に至っているが、人口は一九五五年をピークに、二〇〇八年一一月一日現在までに四一二一人まで減少し、五〇％を超える人口減少を経験した。高齢化率も県内で二番目に高い三七・八％となっている（同年同月）。秋田でも有数の過疎地域である。

過疎化の背景を探ると、まずはこの地の主産業であった鉱山の閉山があがる。集落から藤琴川を上流にのぼったところにある秋田県の太良《だいら》鉱山は、一九五八年に閉山した。もう一つは主産業であった林業の衰退。用材の搬出とともに、なかでも炭焼きがエネルギー革命の中でお金にならなくなったことである。これも昭和三〇年代のことで、鉱山と山仕事に替わる産業が現れなかったことが、この地域の過疎化の大きな原因である。こうした事情は東北の各県でも同じだが、秋田県での過疎・高齢化の進行はほかに比べてあまりにも急激・急速に進展したと言ってよいようだ。

藤里町は七つの行政区に分かれている。この七地区はさらに藤琴川《ふじことがわ》沿いと、粕毛川《かすげがわ》沿いとの二つに区分される。粕毛川沿いの粕毛地区・米田地区はまだ高齢化率の比較的低いところだ。それに対し、藤琴川沿いの上流部にある中通《なかどおり》地区や北部地区で高齢化率が高い。このうち北部地区の奥に太良鉱山はあった。この地の過疎化は、地形的な問題とともに、いま述べた鉱山・林業の栄枯盛衰の影響を直接受けたことに起因している。つまり、ある世代までは働く場があり余るほどあったのに対し、以降には急に雇用がなくなり、一挙に若年層が流出した。そして残された者がみな、いま高齢者の仲間入りをしている。

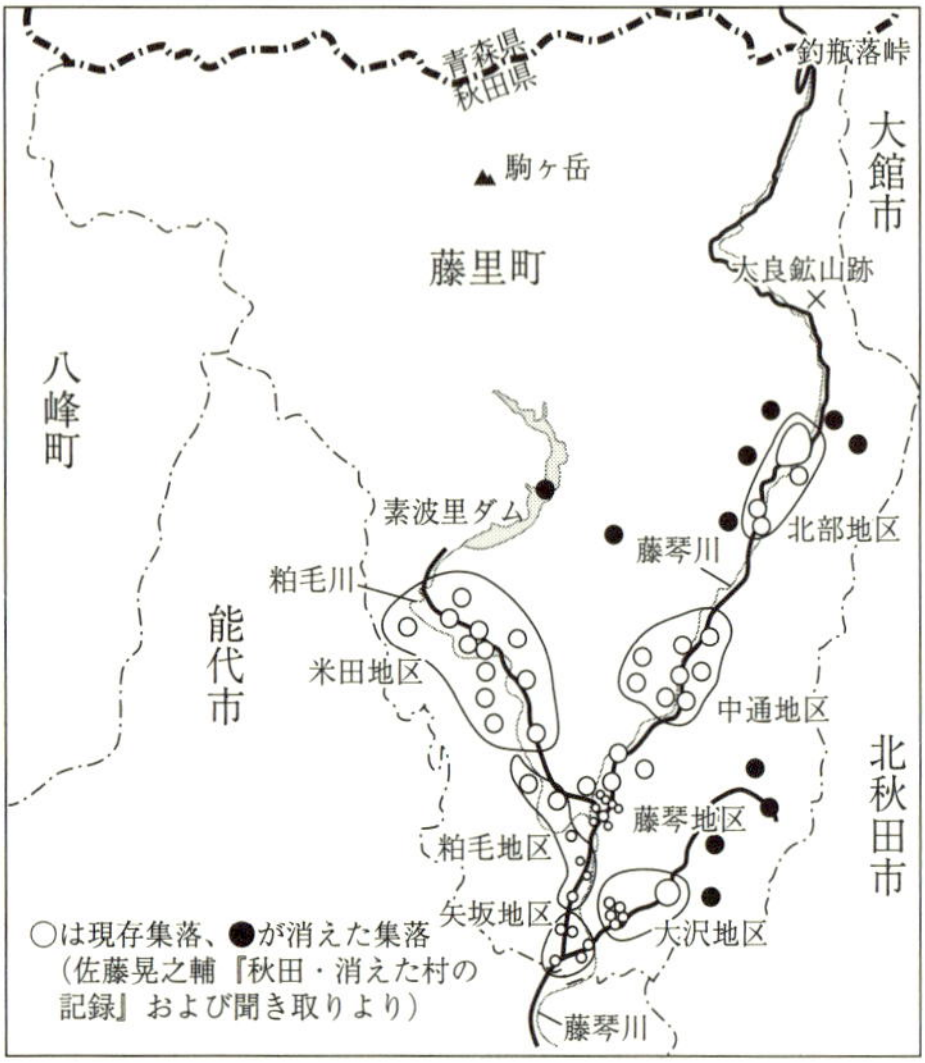

図4　藤里町の集落展開と消えた集落

消えた集落はどうなっているのか

藤里町北部地区の人口は、二〇〇八年一一月一日現在で八九人。計四三世帯が暮らす。高齢化率は五五・一％。少子化も進んでおり、全集落あわせても一九歳以下は八人しかいない。地区はさらに、行政区で四つの地域に分かれており、これが自治の単位である。うち最も高齢化率の高い地域は三人に二人が高齢者。しかもそこは一人も子供がいない状況にある。

もっとも、高齢者ばかりだと言っても、やはりここでも生活にいま問題があるというわけではない。まだ地域ではこのことについて話し合いも始まってはいない。「しょうがない」という感じだともいう。それでも、中には都会から戻ってきている人もいて、地域の生活を満喫している。我々の宿泊のための食事の準備も、女の人たちがわいわいと集まって楽しそうだ。

藤里町では二つのことを確かめたかった。一つは、先述の消えた集落のこと。それはどのようなもので、どこにあったのか。いまどうなっているのか。そしてもう一つは、いまある集落の過疎高齢化の現状とその将来の展望である。

消えた集落は、いま川沿いに展開している集落から、山奥に入ったあたりに点在していたという。藤里町北部地区周辺には桂岱《かつらだい》、早飛沢《さびさわ》、水無《みずなし》、西の沢、助作岱《すけさくだい》といった集落があった。藤里町の周辺には、至るところにこうした消えた村があるという。

これらの集落には共通した特徴がある。第一に、みな比較的若い集落だということである。先の『秋田・消えた村の記録』には、一九九〇年頃の、こうした集落に関する聞き書きが残っているが、ほぼ共通して、幕末あたりの新興地である。江戸時代の終わり頃、川沿いに展開する中心集落から分かれて、山間部の可能耕地を開拓するために、数戸単位で入り込んだものらしい。そのような小規模集落が、かつては山間の各地に点在していたのである。

第二に、こうした比較的新しい集落であることと関係あるのだろう、消えた集落は地形も似ている。みな川筋から急な斜面をのぼった高台につくられた集落である。川沿いに展開する本村から離れて、山あいにあるくぼみや平地の田畑、あるいは斜面につくる棚田を利用するものだった。こうした山間部の枝村が、一九六〇年代から七〇年代にかけて母村へと戻っていった。みな町で補助金を出して集団移転させて消滅したものだという。これが多くの消えた集落の正体らしい。

それゆえ実は、消えたと言っても田畑が活用されているところがほとんどである。家屋さえも夏の間利用されているところがある。冬は母村にいるが、夏になると耕地の近くに戻って生活する人もいるらしい。行ってみるとハウスでわさびの栽培なども行われている。必ずしもすべてが放棄されたわけではない。

こうして見ると、消えた集落の問題はそれほど大きなものには感じられない。幕末のある時期、人口圧力の高い母村から離れ、開発のため山間部に入り込んだ人々が成立させた枝村があったが、のちに交通事情がよくなったことで、宅地を母村近くに移し、通いの農業が始まる。それはまたおそらく都市雇用との兼業化への対応でもあったろう。また、戦後はとくに、鉱山・林業の仕事がこの地に十分に存在したこととも関係していよう。平地の乏しい山間の農山村ではこうして、幕末から現在まで急激な社会変動を乗り切ってきたのである。

これに対し、いま生じつつある生活の営みの変化は、今後の地域社会の持続可能性を問題視せざるをえないものばかりだ。進行する少子化は、後継者の絶対数を大幅に減らしつつある。かつては人口が減少しても戸数が減るということはなかったが、近年は戸数の減少も生じつつあり、筆者が行った際も空き家や耕作していない農地が目立ち始めていた。昔からの村々の営みは、いまこそ存続の瀬戸際に立たされているようだ。

†集落間連携という課題

ところで日本の総人口が減少していくなか、集落の人数・戸数の規模縮小が避けられない事態であるとするなら、今後は単一集落のみで何かを考えるのでなく、集落間の連携を図っていくことも必要になる。そのとき、ここで見た秋田の集落は、枝村の消滅まで経験した過疎高齢化の先進地帯とはいえ、むしろほどよい大きさで互いに助け合う関係を築きやすいのではないかとも思われる。というのも、かつて枝村が消えても大きな問題にならなかったのは、母村の規模が大きくしっかりとしていて、その動向をカバーしてきたからだ。緩やかな集落間の関係性の存在をここには見て取ることができる。そしてそれが今後も続くのであれば、人口減少の軟着陸地をどこかに見つけることも可能かもしれない。

これに対し、例えば青森県の集落事情などを見ると、とくに津軽地方や下北地方では各集落の独立性が高く、こうした相互の関係性の弱いところが目立つ。むろん、集落の独立性は、これまでは人々の団結力やまとまりの強さにもつながっていて、地域の個性を支える重要な条件でもあったわけだが、そうした集落が、他の周辺集落と連携協力することは、これまでその経験がない分、現実的には大変難しい課題となりそうだ。

いずれにせよ、ここで確かめた本村・枝村の関係をはじめ、集落間の関係、大字・小字の編成は、その歴史や環境条件によって地域ごとに事情は大きく異なるから、集落問題の現状と対策を考える場合には、その質的な分析を行っておくことがまずは不可欠の前提となる。高齢化率など、量的指標による把握は、質的調査を前提にしてこそ、現状を見通す有効な手段となる。逆に言えば、こうした質的分析のプロセスを抜きに、数値のみを使って現状を憶測することは、かえって真実を見失い、無用な危機感を煽ることにもつながりかねない。限界集落や消滅集落がいくつあるという言い方には、とくに慎重であらねばならないわけだ。

ともかくも、日本各地をまわればまわるほど、集落や「むら」というものの多様性がますます目についてくる。単純なようでいて、日本の地域社会は実に多様である。そしてこのことは、最後に訪れた高知県の調査でも実感することになる。

6　高知県仁淀川町——天界の里

天界の里の苦悩

本章の最初に紹介した鹿児島県南大隅町で行われた日本村落研究学会で、大野晃氏はこうアドバイスしてくれた——「山下さん、高知の急傾斜地の事情はほかとは違うよ」。筆者自身、現地を訪れてみて、大変驚くこととなった。

二〇〇九（平成二一）年三月、高知県庁で県内の過疎の現状について説明を受けたあと、高知市から西へレンタカーで移動し、四国山地の懐にある仁《に》淀川町《よどがわちょう》に向かった。

高知県における過疎の現状を理解するためには、その地形を十分に知っておく必要がある。仁淀川町は、二〇〇五年に吾《あ》川村《がわむら》、池川町《いけがわちょう》、仁淀村が合併してできた。合併した三町村は、いずれも四国山地に連なる山村地域で、その山々の険しさから、「天界の里」あるいは「日本のマチュピチュ」などとも呼ばれている。

四国の山の急峻さには、訪れた誰もが驚くだろう。山と山の間を川が走り抜け、川がつくる渓谷の間に、集落が点在する。それゆえすぐ目の前に見える集落でも、いったん山を下りて道路に出て橋を渡り、七曲りのように坂をくねくねとのぼってやっとたどり着く。

こうした地形のため、まず第一の問題は交通の確保である。主要幹線であってもいまだに相互に行き交えない道路が続く。向こうからダンプでも来れば終わりだ。まして集落間を結ぶ道路には未舗装も多い。

高知県の過疎地ではまた、水道の問題が近年クローズアップされ始めている。斜面に張り付くように展開する集落で利用する飲み水は、それぞれの簡易水道の形態をとっている。ところが高齢化と戸数の減少により、共同で運営していた水道の管理に支障が出始めている。しかもそうした集落の数が多くなっており、地域の死活問題となってきている。

人口は平成の前までに大きく減った。その後は緩やかな減少になったが、歯止めはきかない。高齢化し、いま残っている人が亡くなったら終わるだろうという集落が現実に出てきているという。ところがここでも現時点ではまだ、ダム移転（大渡ダム）以外には、とくに消滅というものは見られない。

かつて、ここに暮らす人々は、炭や薪の生産に携わっていた。また楮《こうぞ》・三椏《みつまた》（和紙）、養蚕（絹）の産地でもあり、山の生産が人々の生活を支えていた。高知和紙や絹が終わると代わって茶が入ったが、しかし、仁淀川では茶は名産にまではなっていない。とはいえ、茶を除けば、いまは何も産業がない状態である。

全国的には、高知は野菜で有名である。しかしそれも海岸に近い平野部の話で、山間部ではそうした野菜の生産農家もない。この周辺では産業の空洞化を長らく経験してきた。

この地域特有の景観をつくっているのが、集落を取り囲む杉林である。過疎・高齢化の中で田畑が利用されなくなると、そこに杉が植林されていった。「ここの人はまじめだ」と、仁淀川町企画課のC氏（当時）は語る。「茶も、家の前なんかも、全部きれいにしないと気がすまない。茶がつくれなくなると、荒れるのを見られるのが嫌で抜いてしまう」。活用できなくなった田畑には杉を植えた。すでにその杉が大きくなって見晴らしが悪くなっている。家のそばまで杉があり、近くに行ってみると棚田の石組みがそのまま残っていて、実に奇妙な光景である。杉はいまや出荷してもそれだけ赤字になるだけなので、誰も手をつけていない。植えっぱなしの状態である。

このままでは駄目だという危機感から、町や村でも様々な取り組みがあった。しかし過疎高齢化に歯止めがかかるわけではなく、すでにあきらめに入っている感じがあると言う。

†地域の誇り、秋葉神社大祭にも暗雲

それでも仁淀川町には自慢がいくつかある。そのうちの一つが桜だ。旧庄屋・中越《なかごし》家の

写真２　仁淀川町の秋葉祭り（仁淀川町パンフレットより）

しだれ桜が樹齢二〇〇年、そして桜集落のひょうたん桜は樹齢五〇〇年と推定されている。桜の名所となった仁淀川には、満開の時期、数万人の観光客が来る。テレビでも毎年のように取り上げられる人気の場所だ。また平家の落人伝説・安徳天皇伝説、さらには武田勝頼の落胤伝説も残っていて、一部の集落の成立譚となっており、これもまた観光に活用されている。どこにでもある落人伝説ではあるが、その伝説の中ではとくに有名なところで、都《みやこ》からのほどよい距離が、長い年月のうちにこうしたものを生んだのだろう。

そして何より、秋葉《あきば》神社の大祭が有名だ。何万人もの人がこの大祭を見るためだけの目的で来る。秋葉祭りには店も出て、この日ばかりは山間の村も賑やかだ。奉納する御輿が、関係する三集落（本村《ほんむら》、沢渡《さわたり》、霧之窪《きりのくぼ》）それぞれの神社をまわって秋葉神社に来る。御輿が担がれ、神社前の広場でまわる。宮司が声をかけ、何度かここを往復する。鳥毛《とりげ》ひねりに拍手がわき、そのときが祭りのクライマックスである。

しかしながら、人口が減り子供も少なくなったため、もとは三集落の祭りだったものが、すでに他から人手を借りてやっている状態である。秋葉祭りの里を元気にする会を住民がつくって応援を募っている。伝統ある祭りも今後どうなっていくのか、見通しは明るくはない。

仁淀川町は高知県の山間部にあるが、中心都市・高知市からの距離でいうと、全くの周縁ではない。高知の過疎高齢化の事情を見ると、外から見れば不便に見える高知市から最も離れた場所では、それほど高齢化率は高くない。例えば四万十川流域はそれほどでもないのである。過疎・少子高齢化は、地形によって、あるいは産業や生活様式、中核となる地方都市との関係など様々な要因が重なり合って生じる。

そして、いわゆる限界集落論発祥の地である大豊町も、高知市から遠く離れた場所ではなく、むしろすぐそばと言ってよい場所にあった。仁淀川町は、高知市から西に五〇キロ、自動車で一時間半ほどの距離にあるが、その仁淀川町から、国道四三九号線をつたって、高知市の北、四国山地の山沿いを東へと向かう。いよいよ大豊町にたどり着いた。

7 高知県大豊町――限界集落発祥の地

†高知市隣接の過疎最先進地域

「案内しましょう。一人で行くのは無理だ」

二〇〇九（平成二一）年三月、高知県大豊町を訪れた。穴内川《あなないがわ》そばにある農協脇に、乗ってきたレンタカーを置かせてもらい、大豊町役場の公用車に同乗させてもらう。運転するのは、岩崎憲郎《けんろう》町長。取材に快く応じていただいただけでなく、現場にまで案内していただいた。過疎問題にかける情熱が伝わってくる。

川筋の国道三二号線は、高知市と瀬戸内海側とを結ぶ幹線道路である。しかし、橋を渡って谷あいの斜面をのぼり始めると、急に道幅が狭くなる。それでも手前の角茂谷《かくもだに》集落まではまだ安心して車に乗っていた。道路が未舗装の林道に変わり、道の両側に迫る杉林をどんどんのぼっていく。確かに一人で来ていたら、ここで引き返しただろう。ときに視界が開けて、家宅とその周りの畑や畜舎が現れる。

郵便局員のバイクとすれ違う。この道の狭さなら、バイクの方がよいだろう。杉林の中に倉庫が現れる。かつて農協の肥料を配ったところだと言う。ここにおいておくとみなが取りに来た。町長はもと組合職員。まだ元気だった地域の当時を語りながら進む。

「この杉林はみな、田畑の跡です」。町長の説明に唖然とする。よく見れば確かに、棚田の石垣がしっかりと残っており、それらが田畑であったことがよく分かる。しかしそこに生えているものはずいぶんと成長してしまった杉の林だ。「本来はもっと見晴らしがよかった」と言われるが想像できない。

写真3
上　現在の大豊町（大豊町提供）。杉林に住宅が点在している。
下　1950年代の旧仁淀村（『写真が語る仁淀村』より）

先の仁淀川町でも棚田の杉は見たが、さらに経過が進んでいるようだ。ここが大豊町で最も人口減少の激しい峰集落である。

麓の橋から二〇分ほどのぼったろうか。ようやくDさん（八五歳＝当時）の家にたどり着く。平屋の一軒家。中から本人が出てくる。入っていけというが、外で立ち話をする。家には倉庫がついていて横には蔵もある。それなりに豊かな農家だったようだ。しかしその周りは鬱蒼と茂った杉林。杉林の中に隠れたように家があるような案配だ。夫が病気で入院しているという。今日は雪も降った。町長は「頑張りや」と、声をかけて去る。

実は、さらにこの先にも一軒あるという。そこへは車は入れない。ここまで役場から三〇分ほど。細い林道を再び降りる。向こうから車がやってきた。買い物帰りだろう。道は普通車が行き交えないほど狭い。バックで二〇〇メートルほど引き返す。

高知県大豊町峰集落は、一九五五（昭和三〇）年には五三戸二三九人が暮らしていた。人口流出を経ていま、一二戸一六人となっている。子供はいない。それどころか五五歳以下がいない超高齢集落である。大豊町には同様の集落がさらにもう一つあるという。「生活の厳しさが原因」と町長は言う。その根幹には「すぐそこに見えるのに、行けない」地形がある。役場のある中心地ですでに標高が二〇〇メートル。そこから周辺の集落にそれぞれのぼっていくわけだが、高いところでは八〇〇メートルまで移動する。しかもその間に川がある。台風などで道が途切れれば死活問題だ。

†交通の要衝と杉林

高知県は限界集落発祥の地である。当時高知大学にいた大野晃氏が、一九八〇年代末にここで行った調査をもとに限界集落の議論を始めた。

大豊町に来てみて驚くのは、まず第一に、この過疎高齢化の先進地が、高知市内にある県庁から高速道路を使って約二〇分でたどり着くという、その近さだ。

もともと大豊町は、城下町高知と瀬戸内海を山越えでつなぐ街道の宿場町である。国重要文化財にも指定されている立川番所は、四国の大動脈の主要地点であった。いまでも国道三二号、国道四三九号、JR土讃線《どさんせん》、さらには高速道路・高知自動車道までもが町の真ん中を貫通する。大豊インターから入る高知自動車道は、南へ行けば県庁すぐそばに直結、北に向かえばそのまま瀬戸大橋を渡って岡山までつながっている。JRの駅は七つ。交通便利な場所であることからするとなぜここが過疎になるのかと首をかしげたくなる。いやむしろ、交通が便利になりすぎて「素通りの町」になったことが、過疎化の原因の一つかもしれない。

しかしまた第二に、地形を見て驚嘆する。先の仁淀川町も顔負けの急峻な地形なのである。これでは町の中心部がいくら交通の要衝にあると言っても、実際に暮らす集落から考えれば、その中心部に出るまでの移動がすでに大変だ。しかし町の中心部にさえ出れば、高知市や瀬戸内海に出るのはあともう一歩でもある。中心都市や工業地帯から近くて遠い場所。大豊町もまたそういうところにあった。

大豊町は、平成合併で単独の道を選んだ。財政的には非常に苦しい。地域に何か産業があるわけでもない。どこにその出口を見つければよいのだろうか。

過疎化の原因としては、林業の衰退が最も大きい。それゆえこう考えればよいと岩崎町長は言う。「この杉林。これがお金になればすべて解決する。町の財産と言えば、やはりこの杉だと思う」。大豊町の森林は、国有林は九％のみで、ほぼすべてが民有林である。かつそのほとんどが杉の人工林に変わっている。町ではこれらを、「宝の森林――四七四億円の木」と産出した。これをお金に換えるしかない。逆に言えば、これが経済に変わるなら、町の財政は一気によみがえる。

†過疎高齢化の進行が引き起こす問題

大豊町は限界集落が最初に指摘された場所でありながら、それに具体的に取り組んだかと言えば、決して十分な取り組みがあったわけでもない。問題があることは分かったが、どう取り組むべきかが分からなかったというのが正直なところだろう。しかしその間、集落の高齢化は進んだ。
一九五五（昭和三〇）年、大豊町には二万二三八六人の人口があった。いま、その四分の一になり、五四九二人が暮らす。

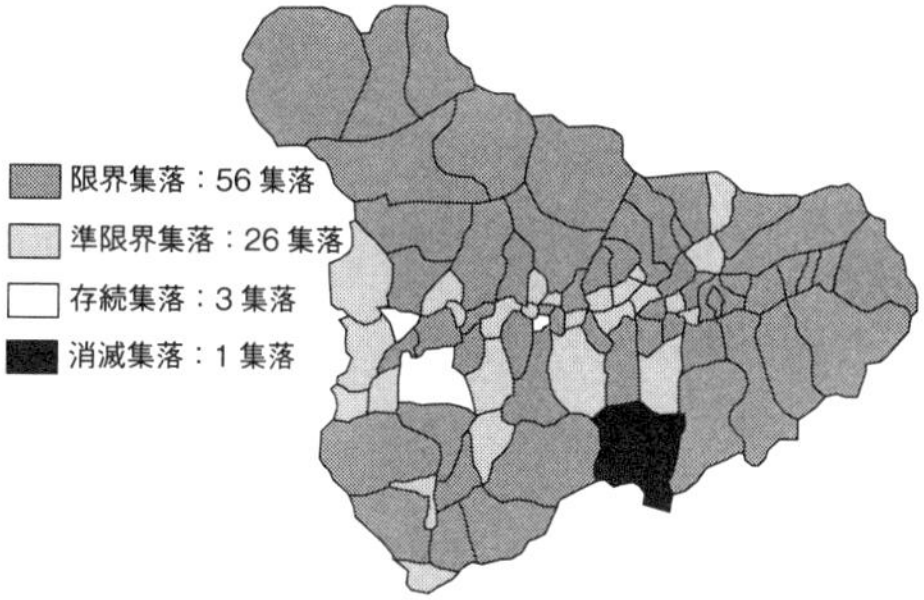

図5　大豊町の集落の状況（大豊町資料から作成）

このように、過疎高齢化の進行は東北などと比べてきわめて激しい。しかし、それでも八六集落あったうちの一つが消えたのみである。川又《こうまた》集落という。すでに平成に入るまでには消滅していた。先に示した新潟県旧大島村の事例と似たような、仕事を求めての早い時期の挙家離村である。

その後、人口減少は平成期までには落ち着いた。過疎化は止まったかのように見えた。しかし、残った人が順に年老いていくに従って、高齢化が大きく進行していった。高齢化率は二〇〇五（平成一七）年には五〇・八％と、五〇％を超えた。自治体そのものの高齢化率が五〇％を超す、限界自治体である。いま、高齢化率五二％、平均年齢五九歳（二〇〇九年現在）。高齢者単身世帯が六

に見える。

一つ一つ家が消えていくことになる。集落が消えるのも時間の問題となってきているよう

〇八）は、死亡一二六に対して出生は一二しかなかった。いまいる人が亡くなっていくと、

五九世帯あり、五九九が高齢夫婦世帯で、高齢者のみ世帯が全世帯の半分に。昨年（二〇

に見える。

現在八五集落のうち、高齢化率五〇％を超える限界集落は五六、さらに五五歳以上人口が五〇％を超える準限界集落が二六ある。全八五から差し引くと、残りはたった三集落である。三集落はいずれも住宅団地などを整備した中心地に近い場所にあって、地域の比較的若い人たちが住む。

一九九二年に大野晃氏が調べた段階では、限界集落は五つしかなかった。それがその後急速に増加し、一九九八年で二一に、二〇〇九年には五六になった。すでに高齢化と戸数減少のため、集落の共同が成り立たなくなってきているところが出始めていて、集落で区長のなり手がなく、他に頼んでいる「集落外区長」もあるという。

「最近起こった関係あると思われる事件を書き留めてみた」と岩崎町長に示された事例は、いずれも過疎先進地の現実を垣間見させるものばかりであり、憂慮すべき事態が生じつつあることは確かだ。

「お年寄りが、電動四輪で転倒、下敷きに。五時間後に郵便局員が発見、救急車で搬送」

「一人暮らしのおばあちゃんが亡くなり、約一週間後に発見」

「台風後におじいさんが、町道の風倒木を撤去中転落、運搬車の下敷きとなり死亡」

「お年寄り同士が、ＩＰ通信電話で通話中、突然通話が途絶え、通話相手が家族に連絡。家族が駆けつけると電話のそばで倒れていたため救急搬送」

「勤務のため留守をしがちな住宅に猿が住みついて困っている」

これに対し、地域の取り組みは当然のごとく続いている。「みんなで支える郷づくり」という集落支援モデル事業を二〇〇八年から始め、今後、芽が出たところにさらに事業を展開することになっている。「大豊ふるさと応援団」も設立され、高知市など都市部からの寄付も多数集まってきた。廃校を使ったラフティング（川下り）の学校もできて、年間六万人を集めている。ラフティングを指導しているのはＩターンで移住してきた夫婦だ。

†三〇年やってきたことは無駄ではない

限界集落の発祥の地とも言われるが――という問いに、岩崎町長は次のように答えた。

「限界集落という言葉はどうかということはある。地域外に説明するときにはこの言葉は使うが、町民に対しては使わない。言わなくても、肌でみんな感じている。過疎高齢化がこれくらい進むと、確かに限界に来ているとは感じる」。

しかし、さらにこう続ける。「うちの方では積極人口一〇〇％と言っている。ここに生きることに積極的なことが大切だ。お年寄りといってもみな元気なので、そういう視点で考えて色々と進めていくようにしている」。実際、ブロードバンドを使った連絡システムなど、大豊町で試みられている取り組みには目を見張るものがある。

これまでの過疎対策については「過疎が止まるのでなければ効果がないというのなら、これまで三〇年、やってきたことに意味がなかったということになる。しかしインフラ整備や公共事業の導入では、雇用効果もあり、一定の人口歯止めはあったと評価したい」。

とはいえ、これまでの対策の多くが、いつのまにか高齢者向けのみになってきたのも事実のようだ。人口減少を食い止めるためには、高齢者対策以上に、人口環流対策や少子化対策がなくてはならないが、そうした若年者向けの対策という面では、この大豊町でも取り組みはまだ始まったばかりだ。客観的に見れば、すでに出る者はみんな出てしまっていて、あとは残っている者が年老いて死んでいく。そういう段階に入っているようにも見える。いまいる人以上に、これからこの地を引き継いでいく人のための何かが必要だが、この点はまだまだ今後の課題である。

もっとも、「いい風が吹いてきていると思っている」とも町長は話す。環境政治が展開し温暖化が取り沙汰され、また「空気の源」、「水源の森」など、様々な形で、山や森林の見方が変わってきた。「よく話すのは、我々のことは、広い意味で考えたときに、日本全体の国の仕組みの将来を考えるに当たって大切だということだ。大豊町で成功すればどこでもやれる。それこそ、国の成果になるのではないかと言っている」。

急傾斜地のふるさとで、年寄りは杖をついてでも頑張っている。家意識も強い。空き家があっても貸さないくらいだ。これほどまでにしてしがみついてきたこの地。より若い世代は、こうした「ふるさと」をどのような形で引き継げるのだろうか。分岐点はそう遠い未来ではない。

8　限界集落論・二〇年後の真実

†いま迎えている現実

過疎化が進行し、高齢化が進み、やがて集落の共同が失われ、戸数ゼロの消滅集落に至る。過疎化現象の最後の姿を限界集落論はこのように予言した。一九八〇年代末のことだ。それから二〇年。日本全国の過疎地をめぐり、その現状を探ってみた。そこから見えてきたのは次のようなことである。

第一に、「限界から消滅へ」の予言にもかかわらず、日本の村々は、それでもしぶとく生き続けていたということだ。冒頭に示したように、国は二〇〇七年調査の結果をもとに、少なくとも一九一もの集落が過去七年間に消えたと発表した。しかしながらそれらを精査してみると、ダム移転、災害移転、行政による集落再編など、何らかの人為的作用が働いた事例が多く含まれており、さらには新潟の事例で見たような一九八〇年代までの挙家離村型消滅集落の残存／平成期消滅というパターンも見出せた。これらをもとに考えるなら、国発表の消えた集落の数値には、［高齢化→限界→消滅］の事例はまず含まれていないと考えるべきだろう。人々の「ここに生きる」意志と努力は、多くの人間が考えているより、はるかに強く深い。集落はそう簡単に消滅するものではないようである。

しかし第二に、そのふるさとの維持も、場合によっては、これからいよいよ限界に達し始めている。戸数が減少した、極端に小規模の集落も現れている。子供のいない集落さえある。いまいる人々がいなくなったら終わるのではないか。そんなあきらめが始まっている地域もある。このこともまた事実である。

過疎集落はいま、将来に向けて、存続しうるとも存続しえないとも、どちらとも言い難い状態にある。この微妙な現実を、我々はどのように受け止め、考えていったらよいのだろうか。

†共通すること、異なること

ともかくもまずは、一口に過疎集落としてまとめるにしては、各地域の事情は大きく異なっている、このことを認識することが先決のようだ。集落の規模、地形的条件、歴史的経緯、文化やものの考え方、そこに暮らす人々の性格もまた地域によって大きく異なる。生活の糧を生む本来の生業のあり方も違うし、ここでは農山村のみしか取り上げなかったが、これに海村や町中の過疎高齢地帯を取り上げるなら、そのバリエーションはあまりにも多彩になる。限界集落の現状と対策を考えるためには、まずは各地での細やかな診断が必要なことは明らかだ。このことを怠って、有効な過疎対策はありえない。

事情はすべて異なる。同じ限界集落などは一つもない。それは人々の性格や顔つきが、一つ一つ違うのと同じである。診断はそれぞれ個別に行われる必要がある。

他方で、症状には共通しているものもある。過疎地域と呼ばれるところはみな、戦後日本の急速に発展した経済の裏側で、急速に衰退した産業に携わっていた地域だった。農業や漁業、そして林産物や鉱物などの原料生産――かつてこれらは日本に暮らす人々の生活のために、なくてはならなかったものである。戦後直後もこれらの産業が日本人の生活を支え、また戦後の経済成長の端緒をも担っていた。こうした従来型の地域産業が、産業構造の大転換の中で、海外産の製品との競争にも負けて衰退の一途をたどり、若年者の大規模な流出を見た。

いずれも多くが数百年以上の歴史を刻んできた地域で、なかには確実に千年を超えるところもある。そうした長い歴史を持った地域が、あまりにも急激で大きな社会構造の変化が進行するなか、ついに地域社会の存続が危ぶまれる事態になってきた。こうしたストーリーは、どの過疎集落をとっても同じである。

それゆえ、過疎高齢化現象の本質を読み解くためには、ここで行ったような地域・集落ごとの精査とともに、それぞれの集落を超えて働いている全体の動力学にも注意を払わなければならない。各集落の事情は特殊だが、他方でまた、ある集落の問題は、より大きな日本全体の構造変化につながって生じているものでもある。

次章では、この問題を構成する基本的な構造について考えてみたい。ここではその手がかりとして、戦後、高度経済成長期に進んだ、世代間の住み分け、都市・農村関係の変容、生活を支えるインフラの構成と再編、こうしたものに目を向けて検討していく。こうした分析から、ここで見た多様な事例に通底する共通の構造がより鮮明に現れてくるだろう。

第３章

世代間の地域住み分け
——効率性か、安定性か

青森県鰺ヶ沢町深谷集落。地蔵堂に集まる女性たち（2008年撮影）。

1　世代から見る過疎地域

†注目すべき昭和一桁生まれ世代

ここまでで確認したように、いわゆる限界集落論が予定しているような集落崩壊の事例を現場から引き出すことはいまのところ難しい。しかし、そこに問題がないということではない。むしろ、マスメディアが示すような、かわいそうな地域の人たちがいるというよりも、もっと深刻で大きな問題が横たわっている気配がある。

この問題を、ここでは世代間の地域継承という観点からとらえていきたい。昭和から平成にかけて、急激な時代変化の裏側で生じていた世代の転換に注目して過疎問題を追っていくことで、この問題が単に高齢化率の高さだけでできているのではなく、地域生活に関わる様々な変数が複雑に絡まり合って生じていることが分かってくる。さらには、かつて西高東低の地域問題と考えられてきた過疎問題が、日本社会全体の構造変動と深く結びついたものであることも理解されてくるだろう。

まずは図6を見ていただきたい。一九九五（平成七）年の青森県と全国の、いわゆる人口ピラミッドを比較したものである（千分率で示してある。以下同じ）。

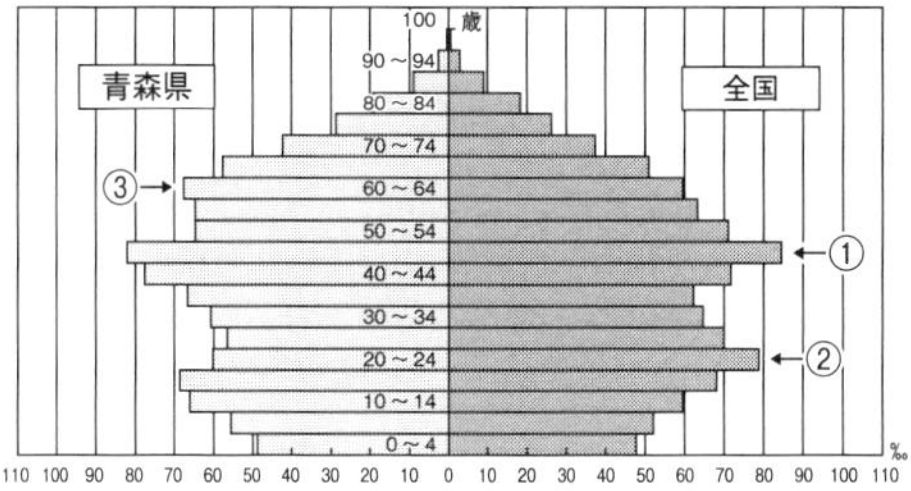

図6　青森県と全国の年齢別人口構成（1995年国勢調査より作成）

一般に、日本ではとくに代表的な世代として、「団塊の世代」が取り上げられる。団塊の世代とは、戦後直後、一九四六（昭和二一）年から四八年にかけて生まれた戦後の第一次ベビーブーム世代である。図6は五年刻みで集計してあるが、一九九五年の四〇歳代後半がこれに当たり、全国でも青森でも、その年齢層が最も大きくふくれあがっていることが分かるだろう。ここでは広く「戦後直後生まれ世代」とくくっておきたい（図中①）。

この戦後直後生まれ世代の子に当たるのが、団塊ジュニア・第二次ベビーブーム世代である。一九七〇年代に生まれたグループで、ここでは「低成長期生まれ世代」としてくくっておく。一九九五年のグラフでは、二〇歳代前半に当たる層だ（図中②）。

この二つの特徴的な世代に対して、過疎地域を多く含む県では、もう一つの世代の堆積がある。ここではこれを「大正

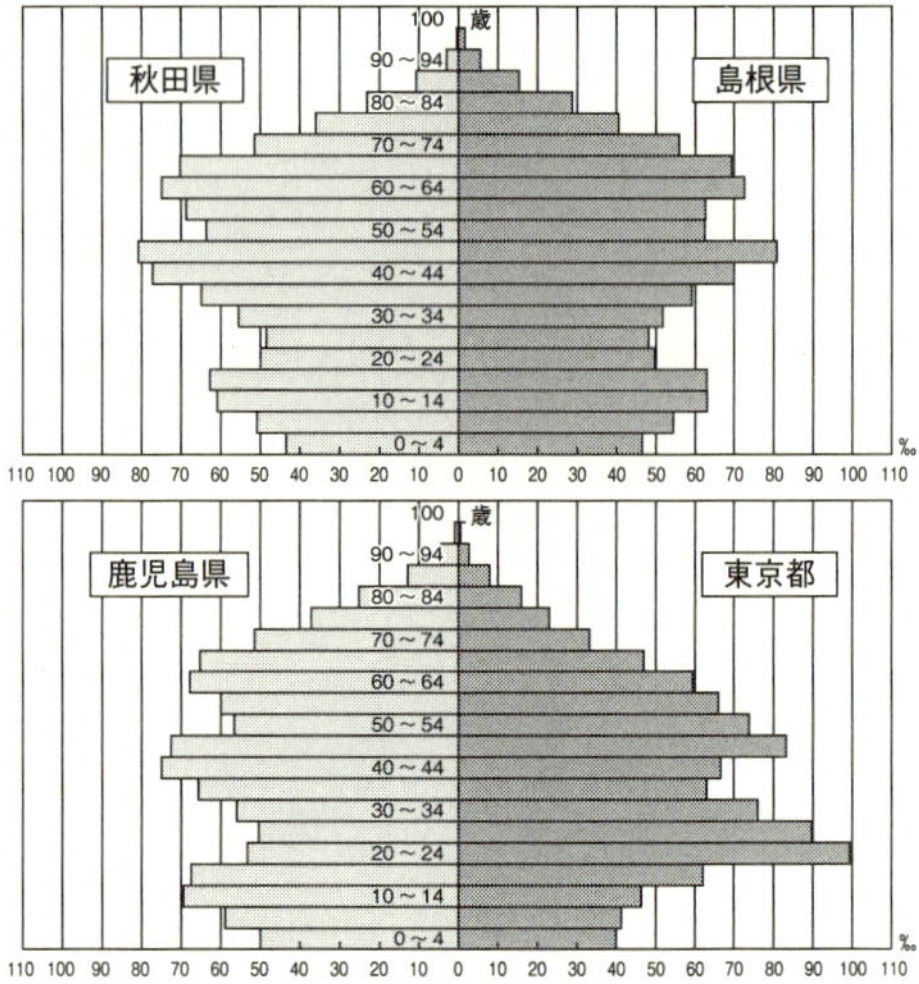

図7　各都県の年齢別人口構成（1995年国勢調査より作成）

末から昭和一桁生まれ世代（戦前生まれ世代）」としてまとめておきたい（図中③）。

　全国ではなだらかに描かれているグラフが、青森では六〇歳代前半に妙な突起が出ていることが分かるだろう。全国には見られないこの世代の突出は、青森県はむろんのこと、過疎地を多く含む全国の各県では一般的なものであり、日本の地方地域社会の人口構成の大きな特徴となっている。図7は、秋田、島根、鹿児島の各県について、同様に人口ピラミッドを作成したものだが、これらの各県では青森以上にはっきりと、この昭和一桁生まれ世代が突出しているのが見て取れる。

　これに対し、東京都のグラフを見ると、こちらにはこの年齢層の突出が見られない。それだけでなく、戦後直後生まれ世代よりも低成長期生まれ世代の方が大きくなっており、若年層を大量に抱え込んでいることが分かる。しかもさらに下方に目をやると、東京都のグラフには一〇歳代以下が異様に少なく、これに対して、各県の方が子供の割合は高いということになっている。またよく見ると、各県では、低成長期生まれ世代のところも、本来多かったはずの第二次ベビーブーム層（このグラフの二〇歳代前半）の突出はなくなってしまい、その次の一〇歳代後半の年齢層の方にピークが出ていて、要するに、二〇歳代になった時点で、地方から首都圏などへ吸収された結果と考えられる。

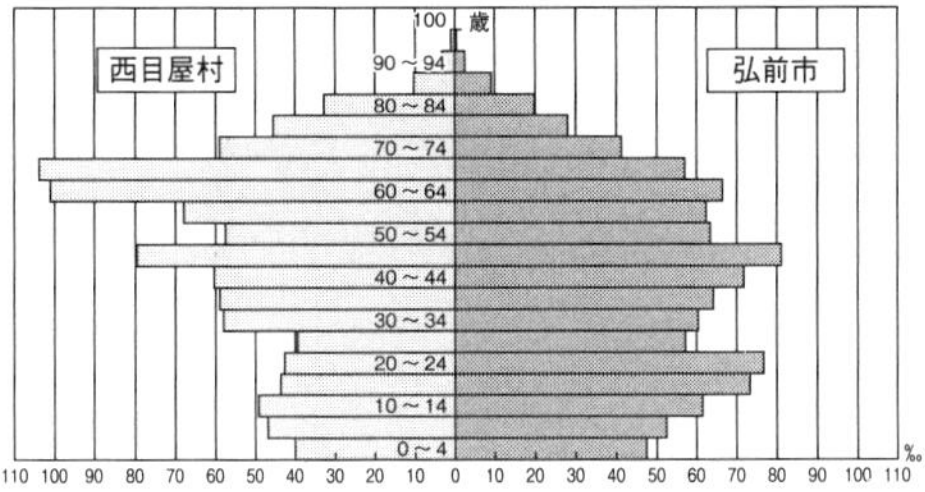

図8　西目屋村と弘前市の年齢別人口構成（1995年国勢調査より作成）

　過疎地域を多く抱える人口流出県の人口構成上の特徴として、このように、昭和一桁生まれ世代の堆積と、それ以降の世代の流出を指摘できる。そしてこのことは、市町村別に見るとさらにはっきりと現れる。青森県で人口の最も少ない西《にし》目《め》屋《や》村《むら》（約二千人）の人口構成を、すぐそばの中心都市・弘前市（平成合併前、約一八万人）のそれとともに、試みにあげてみよう（図8）。ここでは、戦後直後生まれ世代も、低成長期生まれ世代も少なく、この昭和一桁生まれ世代のみが突出している。大正末から昭和一桁生まれ世代は、過疎地域を特徴づける中心世代なのである。

†排出される世代、残る世代

もちろん、この西目屋村のような過疎社会に、もとから団塊の世代が少なかったわけではない。むしろ戦後直後、こうした地方でこそ数多く、この世代の人口は生まれていた。一九五〇年代（昭和二〇年代）までの人口ピラミッドは、全国どこでも基本的には三角錐のピラミッドの形をしていた。しかし、戦後ベビーブームで生まれたこの世代が成長し、中学校・高校を卒業すると、一気に関東や関西、中部の都市圏へと就業のために流出し、人口減少が進行した。高度経済成長期に生じた、地方から中央への人口大移動であり、これが「第一次過疎（第一次人口減少）」に結びついていったわけだ。そしてその結果、大勢いたはずのこの世代がいなくなり、かわりに、出て行かずにいたその上の世代が相対的に突出することになる。その残った方の中心世代が昭和一桁生まれだったのである。

その後、排出する人口がいなくなると、過疎化現象は沈静化するようになる（一九六〇年代末）。戦後直後生まれが残っている場所では、その子供たち（低成長期生まれ世代・第二次ベビーブーム）が生まれて、人口増さえ経験した（一九七〇年代）。

しかし、そのささやかな人口増が終わると、再び人口減に切り替わることになる。というのも、この間、戦前生まれの世代は、若い人々にとっては条件不利な地域での生活を農業プラス兼業で続けていき、とりあえずこの人たちが定住しているので人口増減は安定してきた。しかし、生まれ育った子供たちが成長しては抜けていく上に、若い人が少なくなるので次第に出生数が減少し、残っている人々は着々と年老いていって、徐々に生まれる数に死ぬ数の方が追いついていくことになる。そして一九九〇年代、ついに自然減社会に転換するのである。これが「第二次過疎（第二次人口減少）」（一九八〇年代後半～九〇年代）であった。

それでもなおこの時点までは、中心となる大正末から昭和一桁生まれ世代は元気であり、かつ長寿化も進行するので、高齢化したからといって、とくに地域崩壊につながるような問題は現れず、過疎地の生活は維持され続けてきた。

†世代による地域住み分け

こうして見えてくるのは、世代間で地域社会を住み分けていく構図である。

昭和一桁生まれまでの戦前生まれ世代は、昔ながらの生活を親たちから引き継いで、生まれた場所（やその周辺）でずっと暮らしている。これに対し、その後の戦後生まれ世代

（より正確に記述すれば、戦後教育を受け始める昭和二桁生まれ以降から）は、成長するとともに多くが都市部へと移動し、そこで都市的生業に就いて生計を立てるようになる。そして低成長期生まれ世代になると、その多くがはじめから都市部で生まれることになる。

ある世代は残り、別の世代は他の地域へ移動して、そこに居住する。こうして世代間の地域社会の住み分けが進行する。そして、戦前生まれ世代、戦後直後生まれ世代、低成長期生まれ世代はそれぞれ、親・子・孫の関係にも当てはまるので、この間に起きた現象は、家族の視点から見れば、家族構成員の地域住み分けともなる（第5章で詳しく検討する）。そしてこうした住み分けの結果として、戦前生まれ世代までの人口のみがより多く堆積する場所が現れ、その場所が、加齢に従って、二〇〇〇年代までに超高齢地帯として立ち現れることとなったのである。

このような世代間の関係性の構図は、西南日本も東北日本も状況はとくに変わらず、むしろ共通と言ってよいものである。ただし、西南日本では、平均寿命が高いこともあって早い時期から高齢者の割合の高い地域が多かった。これに対し、東北日本では、寿命の短さとともに、出稼ぎ就労が長く定着して労働人口の流出が防がれたこともあって、昭和一桁生まれが六五歳以上人口に突入する一九九〇年代になるまで、高齢化率がそれほど上昇することはなかった。しかし逆に、一九九〇年代に入ったとたんに一気に高齢化率の高い地域が出現することにもなった。

九〇年代後半以降、とくに北東北で高齢化が急速に問題とされ始めていった背景には、こうした西日本との人口構成上の違いがあったわけである。ただし、その差はそれほど本質的なものではなく、世代間に起きている物語――戦前生まれまでの定着と、戦後生まれの排出――は全国の過疎地域に共通したものであった。

2 人口変動パターンと過疎

†人口吸収都府県（／型・N型）と排出県（M型）

いや、もっと正確に言うなら、この世代間の物語は、過疎地域だけのものではない。出る方があれば、それを吸収する方もある。この物語は戦後日本に生じた社会変動の全体に深く結びついたものだ。ここで、人口排出地域と吸収地域が、全国的に見てどのように現れるのか、簡単に解析しておきたい。

表2は、戦後の都道府県別の人口増減の推移を、その変化の形からタイプ分けしたもの

	戦後の人口推移パターン '50 '60 '70 '80	北海道	東北	関東	北陸	中部	関西	中国	四国	九州
パターンⅠ（／型）	↑ ↑ ↑ ↑		宮城	(東京) 埼玉 千葉 神奈川		岐阜 静岡 愛知	京都 大阪 兵庫 奈良	広島		沖縄
パターンⅡ（N型）	↑ ↓ ↑ ↑		福島	茨城 栃木 群馬	石川 福井	三重 山梨 長野	滋賀	岡山	香川	福岡 熊本
パターンⅢ（M型）a）1960年頃がピーク	↑ ↓ ↑ ↓		岩手 秋田 山形					鳥取 島根 山口	徳島 愛媛 高知	佐賀 長崎 大分 鹿児島
b）1980年頃がピーク			青森		新潟 富山		和歌山			宮崎
パターンⅣ	↑ ↑ ↑ ↓	北海道								

出典）山下（2010）。国勢調査より作成。

表2　全国都道府県の戦後の人口推移パターン

注1）東京は80年代以降、人口減少・増加を繰り返しているが、関東圏の一部と位置づけて括弧付きでパターンⅠに入れた。

注2）2000-2005年については下記のように網掛け／下線で加筆を行った。

白字	2000-05年の人口増減率0.41％以上	線なし	2000-05年の人口増減率0.00～－0.20
白字	2000-05年の人口増減率0.21～0.40％	下線	2000-05年の人口増減率－0.21～－0.40
黒字	2000-05年の人口増減率0.00～0.20％	二重下線	2000-05年の人口増減率－0.41以下

である。戦後から二〇〇〇年頃までの都道府県の人口変動の推移を比較すると、大きく三つの型に区分することができる（北海道・沖縄を除く）。

　人口吸収を続けてきた中央日本では、多くが右肩上がりの／《スラッシュ》型だ。ここには首都圏、関西圏、中部圏の各都府県のほか、宮城、広島が含まれる。

　他方で、一九六〇年代に過疎化を経験しながらも、工業化・産業化の進行により、人口集中地帯に転換した北関東や中部日本の一部などでは、一時減少期がありながらも、その後は人口増となるN《エヌ》型になる。

　これらに対し、多くの過疎地を抱える周辺的な県は、M《エム》型を示す。一九五〇年代に人口ピークを迎え、その後大きく減少し過疎化を経験するものの、第二次ベビーブームではいくらか人口増を見る。しかしそれもピークを越えることはなく、一九八〇年代に再び人口が減少し、一九九〇年代には自然減社会へと移行していく。

　こうして都道府県の間に、人口吸収地帯（／型・N型）と人口排出地帯（M型）の大きな区分を認めることができる。そしてこのパターンの差は、各地域の人々の生き死にとともに、一方から他方への人口排出＝吸収が大きく関わることでできているわけだ。

†市町村別に見た排出・吸収——Λ型の人口推移

　もっともこうした都道府県レベルでの人口排出＝吸収とともに、各都道府県の内部でも、市町村の間で同様の人の動きがあった。

　市町村レベルでの人口増減にもまた、中心的な都市の／型、その周辺の町村のN型・M型を確認できるが、町村レベルではさらにもう一つのパターン、Λ《ラムダ》型が現れてくる。一九五〇年代をピークに、第二次ベビーブームも経験することなく、現在までに一貫して人口減少を続けている地域である。

　図9は、青森県津軽広域圏の一三市町村（平成合併前）を例に示したものだ。このうち、右肩上がりの／型は、この地域の中核都市・弘前市のみ（a）となる。他はほとんどがM

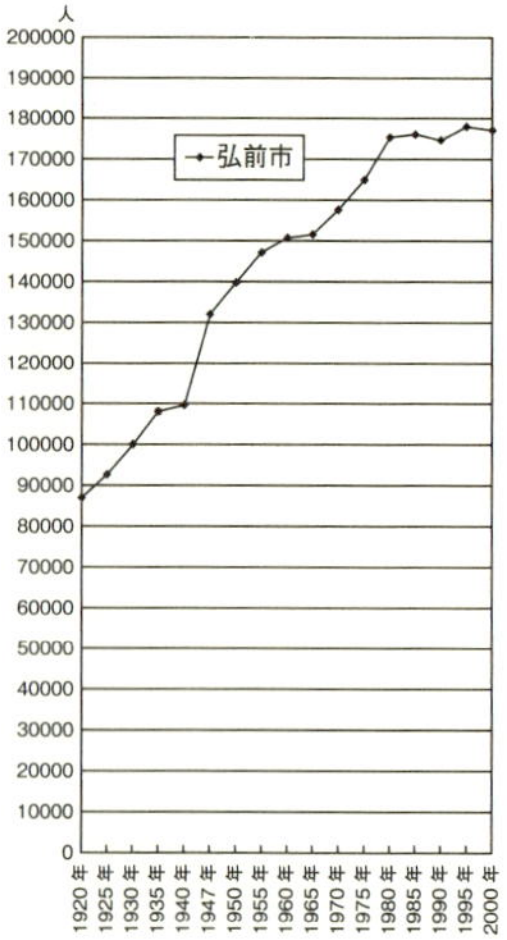

（a）／型

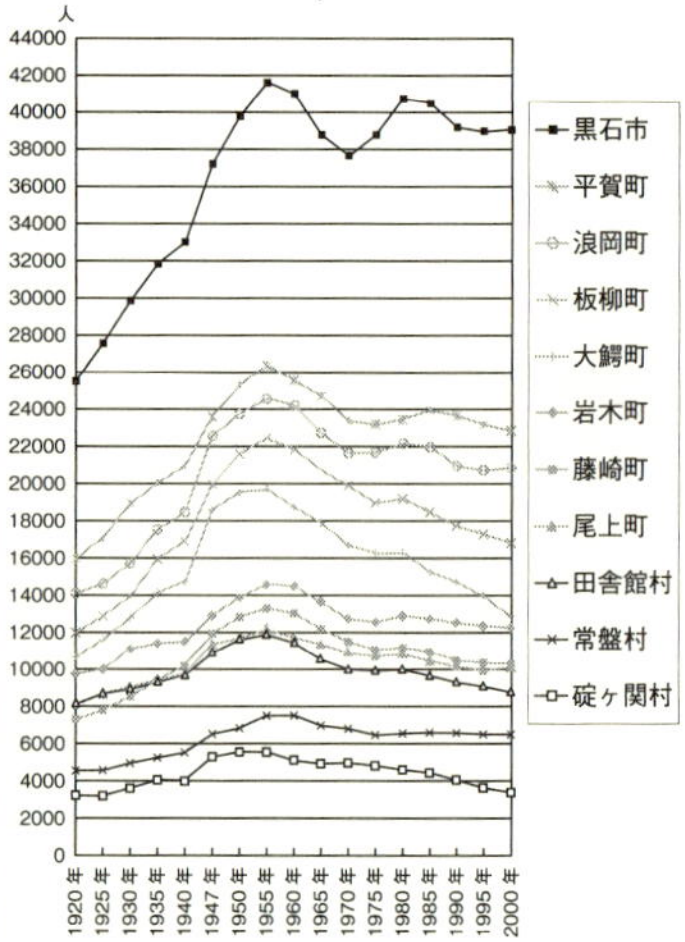

（b）M型

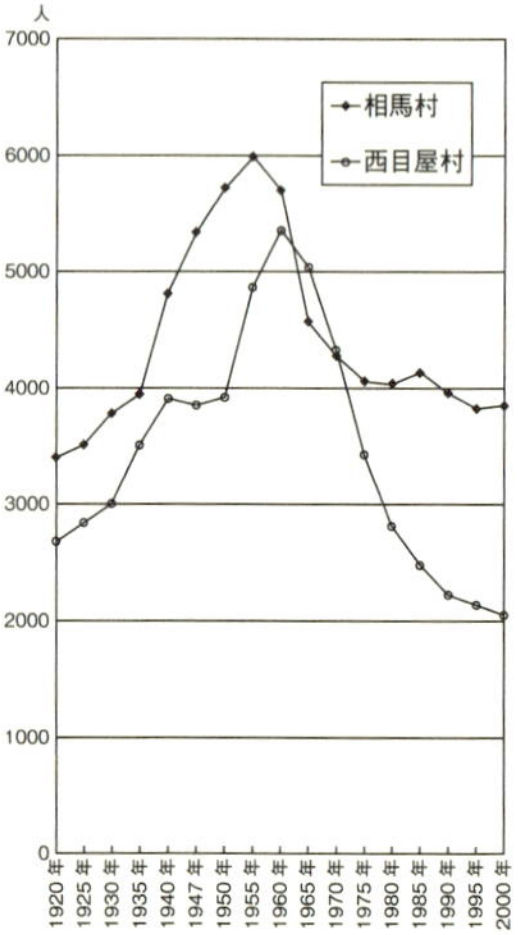

（c）Λ型

図9　青森県津軽広域圏市町村（平成合併前）の人口推移（国勢調査より作成）

型を示すが（b。この中にはN型はなし）、人口の少ない自治体にはさらにもう一つ別の形、Λ型が現れる（c）。一般に、規模の小さな町村にこうした地域が多い。先の西目屋村などがその典型になる。

都道府県間・市町村間に見られる、これらの四つの人口変動パターン――／型・N型・M型・Λ型――の存在は、日本という国が、二一世紀初頭まで、全体としては右肩上がりに人口増加してきた中で、その内部で次のような人のやりとりをしてきたことを示している。

／型は、一貫して人口を吸収してきた中心地帯である。人口吸収は高齢者ではなく若年層において行われるので、ここに、より若い世代が集中する。

他方でN型とM型とは、ともに一九六〇年代に人口排出した地域だが、七〇年代に第二次ベビーブームを迎えて人口増加した後、N型はそのまま人口増を続け、人口吸収地帯に転換していった場所。これに対し、M型は人口排出は変わらず、自然増が終わると再び人口減に移行していった場所になる。

そしてΛ型の地域とは、一九五〇年代に人口減少に転換してから一度も人口増加することなく、今日まで人口を排出し続けた地域であり、他所では経験された第二次ベビーブームがなかったことからも、世代間での人口差が最も激しい場所となっている。

†人口排出とともに定住が過疎問題を生む

こうした人口のやりとりは、全国にわたって展開されている、戦後日本社会の構造連関という大きな文脈の中にある現象だ。そして世代間の地域住み分けは、一方で各都道府県間に生じているとともに、他方で各地域の中で中核都市とその他の市町村の間にも現れている。Λ型の人口パターンを示す市町村は、青森や秋田をはじめ、東北・西南日本の過疎地域全般に見られるだけでなく、北関東や中部日本、さらには東京都内（奥多摩）にまで観察することができる。人口変動上の地域間格差は、首都圏から離れた地方の問題ではなく、全国至るところに現れる普遍的な現象である。

そしてその格差はさらに、集落別に見ればまた細かく、万遍なく現れる。例えば先の西目屋村の中でさえも、集落別に確認するなら、人口集中し、若い世代のいる中心集落と、年寄りばかりになってしまった人口の少ない周辺集落とに分かれるのである。

「限界集落」というものを設定しようとするなら、ここでいうΛ型の人口推移を持つような、過剰な人口排出を経験した集落を念頭に置くことになろう。だがそうした集落は、決してそれ単独で出現しているのではないということをここでしっかりと理解しておきたい。吸収があるから排出もある。人口過疎・少子高齢化は、ただ人口が排出したから生じたという現象では決してない。しかも、ここで起きているのは、排出＝吸収だけでもない。さらに、もう一つ別の要素が付け加わっていることに注意しよう。

もし排出＝吸収のみが生じているのなら、そのプロセスが進行するに従って、最終的には、一方の地域は消滅してしまうはずだ。実際に、一九六〇年代の大幅な人口減少によって消滅した地域があったことを第2章で確認した。これに対して、現在生じている集落の超高齢化は、これまでこうした消滅の危機を迎えることなく地域が存続してきたからこそ生じたものである。むろんその多くは大量の人口排出を経験してきた。しかしまたその大量排出の背後で、実は多くの人々の定住があった。

一方の排出に対し、他方の定住があって、過疎・高齢化という事態は生じる。ある世代の人々は一定の年齢に達するとその地の生活からどんどんと離れ、別の地域で生活を始めていった。それに対し、別の世代の人々は、その地域での生活を以前と変わらず続けていく。人口の排出＝吸収とともに、定住が重なって、世代間による地域の住み分けが成り立つことになる。

†世代間の住み分けは合理的でさえある

ここで注意すべきことは、この世代間の地域住み分けは、一見、やむにやまれず仕方なく行われたことのようにも見えるが、個人の視点に下りていくと、それぞれの自由で希望を持った選択の結果でもあるという点である。さらに言えば、家族の戦略という面から見ても、十分に理にかなったものでさえある。より年上の世代は、先祖から引き継いできた方法で生計を立てる。これに対し、若い世代は、都市で生きる方法を身につけ、就業によってより多くの収入を獲得し、さらにその子供たちが幅広く生きていけるだけの教育の機会をも獲得する。こうした世代間の住み分けは、現代社会を生き抜いていく上で、むしろ合理的と言えるものである。

それゆえ、極端な人口減少が進み、少子高齢化が進行しようとも、その地域社会自身がすぐに解体するような事態は生じない。この間進んだ生活インフラの整備、農林漁業の機械化によって、高齢者だけでも生活できる環境ができあがっているからである。まして、戦後の自由を尊重する風潮は、家族であっても私的生活を重んじるライフスタイルをつくり上げたから、かえってこうして住み分けておいて、たまに会うぐらいの方が、家族を上手に運営していくのに適している。

しかしながら、そうしたバランスのとれた状況にも、ほころびが見え始めてきた。

二〇一〇年代は、世代の観点から見たときに、大きな分岐点となる。というのも、これまで過疎地の中心を担ってきた昭和一桁生まれ世代が八〇歳代を越え、平均寿命を突破し始めるからである。すでに現場では、長い間元気で地域を担ってきた人々が亡くなり、リーダー不在に陥るケースも現れてきている。また高齢夫婦や独居の形で、昔ながらの家を守ってきた人々が亡くなった後、後継する世代がいないために、空き家となったり、家をたたんだりといった事態も目に見えるようになってきた。この間まで一〇軒あった集落が、歯が抜けるように数軒に減ったという話も聞こえてくる。

戦前生まれ世代、中でも戦前の教育を受け、それ以前の社会形態を引き継いで来た最後の世代・昭和一桁生まれが、ついに地域社会から姿を消し始めている。これに対し、それ以降の世代は、彼らに地域を託してすでに多くが都会へと出てしまっているわけだ。この先、地域社会は存続可能なのだろうか。我々の地域社会は、今後、次世代にも順当に継承されうるのだろうか。

集落の限界問題はこうして、世代間の地域住み分けがなされた上で、高齢による担い手の喪失が予想される地域の中で、二〇一〇年代以降、いかにして次世代への地域継承が実現されるのかという問題として設定される。

限界集落問題とはだから、従来いわれてきたような高齢者を守れという問題ではない。

世代という視点から見れば、その社会を引き継ぐべきものの方の問題、後継者やより若い世代、さらに言えば子供たちにいかに地域継承がなされるのかという問題になる。

次世代継承という意味ではそれゆえ、高齢化率が高い集落よりもむしろ子供の数の少ない集落の方が、直接的には最も持続可能性に問題のある集落ということになる。かつそれは率ではなく、人数・戸数の絶対数の小さな場所が、最も条件不利なところとなる。

こう考えるとよい。三〇〇人の集落で一〇人しか子供がいなくても――それでも相当な少子化だが――それでも一〇人が引き継いでくれるなら、まだやっていけるかもしれない。しかし、三〇人の集落だと、一人しか子供がいないということになり、場合によってはゼロもありうる。実際、地域の中で「あそこが危ない」と言われるのは、子供のいない集落である。少子化の進んだ、しかも小規模の集落が、継承に支障を来す可能性があり、しばしば限界に最も近いと見られている。

もちろん先述の通り、そうした集落は高齢化率も高いのがほとんどだから、高齢化率の高い場所から地域状況を診断することには十分意味はある。何より、高齢化率は広く使われている指標なので理解しやすく、利用するにも便利である。だが、単に高齢化率が高いから限界だと判断するのではなく、戸数や少子化の問題を含め、もっと掘り下げて観察し、その限界性を見極めていく必要があるわけだ。

3　超高齢地域のタイプ

†国勢調査地域メッシュ統計から

ところで超高齢地域は、日本社会のどこにどのような形で現れているのだろうか。

近年の国勢調査では、高齢者人口比率をメッシュで提示してくれていて便利である。総務省統計局が公開している国勢調査地域メッシュ統計（http://www.stat.go.jp/）では、どこに超高齢地域があるのかが一目瞭然である（図10、原図がカラーのため、二図に分けて提示する）。二〇〇五（平成一七）年の結果をもとに分析を試みよう。

まず西日本では、中国・四国・九州の山間部に、超高齢地域が広がっている（上図）。山の中の県境付近まで、超高齢地域が点在する。これに対して、高齢者人口比率の低い地域は、首都圏、中部、近畿から瀬戸内・北九州に連なっており、まさに太平洋ベルト地帯がそのまま、低高齢化率地帯である（下図）。

これに対して東日本には、一見、高齢化率の高い場所が少ない（上図）。これは西日本に比べて可住地帯がもともと少ないためで、中国・四国・九州では、県境まで人口が配置されているのに対して、東北地方では人口空白地帯が多い。その東北地方を注意して見ていくと、太平洋側の内陸を走る主要幹線沿い（国道4号線、JR東北線・東北新幹線、東北自動車道が動脈をなす東京＝仙台＝盛岡の直線ルート沿い）が低高齢化率地帯（下図）であるのに対し、それ以外の場所、山間部・沿岸部・半島に超高齢地域が点在している（上図）。超高齢地域の広がり方は中国・四国・九州ほどではないが、高齢化率の低い地帯と高い地

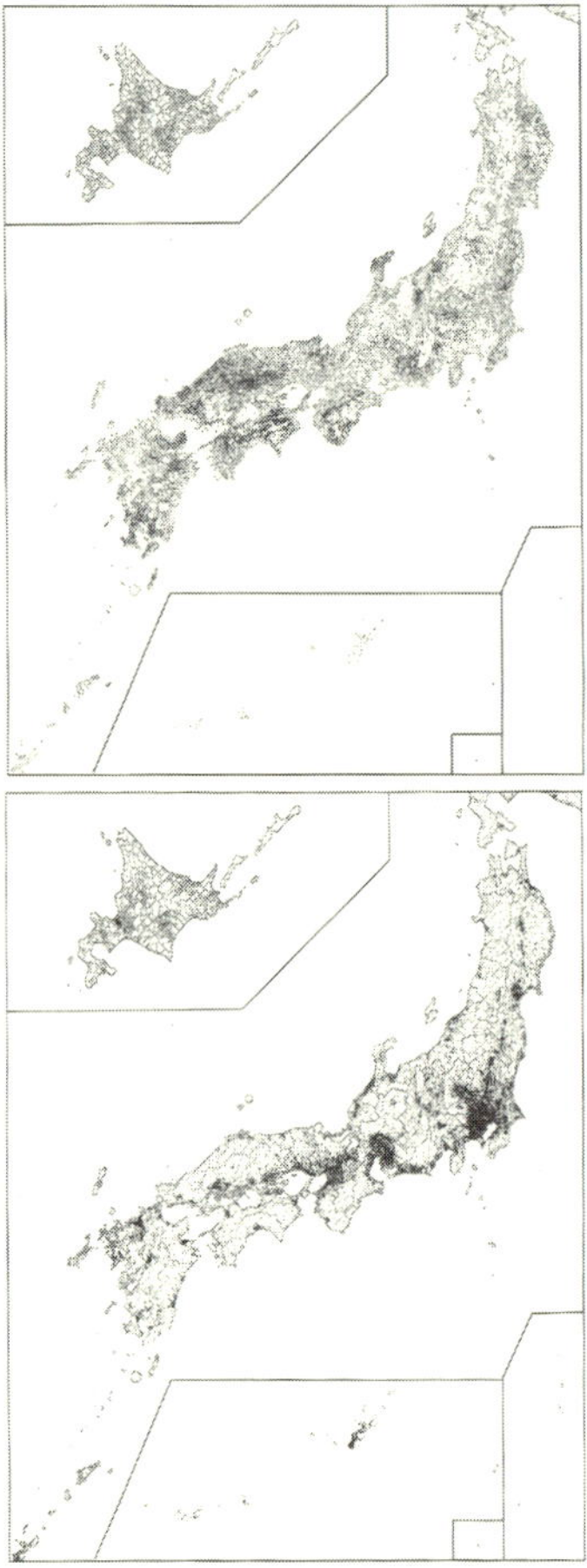

図10　老年人口の分布（2005年）
上　65歳以上人口の割合が40.0％以上の地区
下　65歳以上人口の割合が19.9％以下の地区
（総務省統計局地域メッシュ統計地図を一部加工）

帯が、背骨と肋骨のように対になっているのは同様だ。このことは実は、中部・北陸・関東の中でさえも同じであって、超高齢地域は少なくはなるが、山間・沿岸・半島にやはりその存在を確認できる。出現の度合いに地域差はあれ、超高齢地域は、全国どこにもあるものなのである。

†超高齢地域はどこに現れるか——青森県の場合

特定のエリアを取り上げて、超高齢地域の分布を、もう少し詳しく見てみよう。筆者はこれまで青森県内で詳しく調査を続けてきたので、ここでその結果を要約してみたい。県内の各市町村より集落別の人口統計資料を入手し、機会を見ては市町村の担当者に各地域の集落展開や、高齢化・少子化の状況を説明してもらい、比較研究したものである。

国勢調査のデータには、高齢者福祉施設が集中している場所（高齢化率が異常に高く出る）や、大規模公共事業などに関連した職員宿舎（高齢化率が低く出る）なども含まれており、数字が示すことがそのまま、集落間の高齢化の度合いを表すものではない。これらの雑音を、各地域で得た情報によって意図的に除去し、全体の状勢を読み込んでいくなら、超高齢地域の分布の傾向性を、おおよそ次のようにまとめることができる。

第一に、高齢化率の高い場所は、まずは山間部に現れる。山村はおしなべて超高齢地域である。青森県東半分部に当たる南部地方の西南地域、県中央部に当たる八甲田山から十和田湖周辺、そして県西部に当たる津軽地域では岩木山・白神山地周辺に多い。

第二に、超高齢地域は山村だけではなく、半島の沿岸部に現れる。具体的には、津軽半島、下北半島、また西海岸地域を指摘できる。

第三に、町村によっては、中心市街地に当たる箇所に、高齢化率の高い箇所が現れる。例えば、旧大畑町《おおはたまち》（現むつ市）や旧碇ヶ関村《いかりがせきむら》（現平川市）、鰺ヶ沢町の各市街地。これらはもともと林業町や郡役所を中心とした官庁街を形成していた場所であり、昭和三〇年代から四〇年代以降に、そうした特徴を失った地域である。

この他にさらに第四として、比較的大きな都市の郊外にも高齢化率の高い場所がポツポツと存在する（青森市や八戸市の近郊など）。都市内部の住み分けの結果としても、超高齢地域は現れてくる。

こうして、単純に、高齢化率の高い集落イコール山村というわけではなく、超高齢地域の出現には様々な展開がある。しかも他方で、山間部や半島の突端にもかかわらず高齢化率の低い場所もあり、必ずしも都市から遠いから一律に過疎高齢化が進む、というわけでもない。

†超高齢集落の五つのタイプ

右に示した青森県調査での知見もふまえ、全国に見られる超高齢化＝少子化集落の典型をいくつかに分類しておこう。集落間の多様性が大きいとはいえ、地域の生業（農林漁業か、それ以外か）と、その成立の新旧によって、いくつかのパターンを拾える。次の五つを提示しておきたい。

①村落型（農山漁村）

いわゆる「むら」である。限界集落論が主に対象にしているのは山村であるが、いま見たように、それ以外にも、半島や離島の漁村集落にも高齢化率の高い集落がしばしば現れる。また山村・漁村と言っても、しばしばその境界は曖昧であり、普通の農村と言うべき場所にも超高齢集落はある。こうした村落は近世（江戸時代）までには成立し、中には相当に長い歴史を持つと考えられる地域もある。

②開拓村型

超高齢集落の「むら」にはもう一つ、新しい村・開拓村も典型としてあげられる。戦後開拓は、引き揚げ者を中心として、かなり条件の悪いところまで入り込んで開墾を行っていた。現在から見てもとても生活は無理だと思われるような場所にも、開拓の手は伸びている。そのため、十分に成果をあげることができずにすぐに廃村になった事例も多かった。

それゆえ、その後、長く存続した開拓集落の中にも、開拓そのものは必ずしも成功せず、出稼ぎや都市就労で生計を立てている地域もあった。そうした集落の場合、開拓第一世代は頑張ってその地域の生活を続けていくものの、戦後生まれの第二世代以降は、仕事がないので当然ながら地域の外に出ることになる。そして、第二世代の生活が外で確立されると親が呼び寄せられ、開拓地を捨てて都会へ出て行く家も現れ、消滅する集落も出てくることとなる。政府発表の消えた集落にはこうしたものも入り込んでいる可能性が高い。

なお、補足しておくなら、こうした開拓の失敗がある一方で、むろんのこと開墾には成功した地域も多い。そうした地域では、すでにその第二世代（戦後生まれ）が集落を引き継ぎ、名実ともに新たな「むら」を形成し、すでに第三世代に入っている（戦後開拓の場合）。こうした開拓成功村は、「むら」の年齢が若い分、かえって古い「むら」よりも「むら」らしいことが多い。また農産品も、高冷地野菜や畜産など、平場《ひらば》農村ではできない特化した農業を実現した事例が多く、専業農家としての成功例も蓄積している。それでも現実には後継者不足に悩む地域がほとんどであり、高齢化率は低く出るものの、世代構成が少しズレているだけで、問題の構造は①の山村などと変わらない状況にもなっている。

③伝統的町

伝統的な町の中にも超高齢地域が存在する。規模の小さな旧城下町、街道に栄えた宿場町や門前町など、古い伝統や引き継ぐべき文化を保有しながらも、後継者不足のために衰退を余儀なくされている地域がある。

これらは①に比べてもともと人口流動性が高く、いまいる人々も多くは明治期以降に定着したものが多かったりするのだが、それでも明治期以降は代々続いている家もあって、いわゆる土着型社会を形成している。中小都市、大都市でもこうした伝統的市街地の高齢地帯が存在するが、都市の場合、戦災や災害（とくに火災）、その後の都市計画の作用もあってさらに流動性が高くなっており、歴史的経緯はより複雑になる。

④近代初期産業都市（原料生産・産業新興都市）

③と同様に町・都市の事例として、明治以降、日本の近代化の中で新たに新興し、日本の発展を担った町・都市の古い市街地が、平成の現在までに超高齢地域となっているケースがある。

典型的なものの一つが、鉱山町や林業町などの原料生産地帯の町。さらには織物産業、鉄鋼業などの近代初期工業を担った地域もここに含めることができよう。こうした地域に暮らす人々は、もともと周辺の農村や都市から労働者として働き口を得るために集まってきた者が多かった。そして、低成長期生まれ世代が生まれる頃までには急激にこの地に雇用がなくなったため、新しく生まれた若い世代の多くが排出してしまい、ここで働いた経験のある世代のみが退職後もとどまって、多くがいま余生を送っている。

⑤開発の早い郊外住宅地

①〜④で地方地域社会を見回してみて分かるように、程度の差はあれ、旧来の町中も、農山漁村も、そしてまた昭和中期までに新興した開拓村や産業町（都市）の市街地も、みな総じて高齢化してしまっている。これに対して若い人々が集中しているのが、都市近郊にあって住宅地化しつつある農村部や、その農村の田畑や山林原野をつぶして成立した郊外住宅地である。

ただし、こうした郊外住宅地でも、比較的早くに成立した町の中には、すでに高齢化率の高い場所が現れてきており、第五の典型として、老朽化した初期の郊外住宅地をあげることができる。

郊外住宅地はしばしば、開発された年によって、その構成員の主要世代が決まる。入居当時は若く、子供もいて活気づくが、やがては子供たちは巣立ち、入居世代は年取っていくので、ある段階に入ると急速に高齢化が進む。一九六〇年代に形成された住宅団地に当時二〇歳代で入居したとすると、二〇一〇年代には七〇歳代になる。古い住宅団地では、その形成に関わった世代が六五歳以上に突入すると一気に高齢化率が上がっていき、限界集落としてカウントされるようになる。これが都市郊外の限界集落の正体である。

こうした団地は、古ければ古いほど老朽化し、住環境は劣化する。そのため、新たな若い世代の入居は敬遠され、言うなれば一代限りの使い捨てのコミュニティになる危険性が高い。他方で、家賃は安くなるので、こうした住宅地には所得に余裕のない層も多く含まれていくことになる。こうして世代問題と階層問題が絡まって、古い郊外団地は、村落や伝統的市街地に比べても状況が複雑化する可能性を持っている。

現在でも続々と生まれている新しくきれいな郊外住宅団地も、論理的に考えれば、やがては同じ運命をたどる可能性が高い。またこうした郊外住宅地は、大きな都市のみならず、小さな町村においても存在する。規模が小さいだけで、同じようなことが小さな町村でも起きうること、起きつつあることにも注意したい。

†継承すべきものがあるか

先述したように、地域社会の存続可能性の問題を、戸数の少ない、子供のいない集落だと考えるなら、以上の五つのタイプのうち、①や②に規模の小さな危険集落が潜んでいることになる。本書の議論でも以下、限界集落論の主題としては、そうしたむらの事例を念頭に考えていくことになる。

ところで、繰り返すように、超高齢地域が現れるのは、⑴高齢者を構成するある年齢層が「定着」している一方で、⑵その下の年齢層を構成する世代が「排出」し、⑶そのために子供を産む世代がなく、「少子化」が進行していることによる。

このうち⑴は、日本社会の多くの場所で見られることであり、寿命の延長による効果でもあるので、決して病理ではない。⑴に加えて、⑵⑶が生じている場所に過疎・少子高齢化の問題が生じてくるのである。

とはいえ、⑵⑶の問題にしても、排出しっぱなしではなく、地域にいつの日か人が戻ってくればよいことになる。そしてこの視点からすると、①村落型、②開拓村型の場合は、農地や山林、村の文化など継承すべきものがある分、議論はしやすいことになる（むろん、獣害のひどい田畑、不漁や密漁被害の続く漁場の権利は、継承という面では問題となる）。また③伝統的町・都市にも同じように、継承すべき共通の財産や生活資源、文化的資産などが存在する。実際に、我々は毎年、盆と正月にその一時的帰還を目の当たりにする。その地に次世代へと継承するものがある限り、帰還は決してありえないことではない。

これに対し、④鉱業・林業などの近代初期の原料生産都市、⑤初期郊外住宅地は、戸数は多いが、ここにはしばしば継承すべきものがとくにない場合が多く、存続の道筋が具体的に描きにくいところがある。こうした場所でこそ、撤退か再編かの具体的な議論が必要になってくる可能性があるわけだ。

†希望ある展開を導くこと

こうして限界集落問題は、高齢者が多いがゆえにそのサポートが必要だと論じるのでは不十分なのであり、むしろ日本社会の戦後の変動の中で生じた、主要三世代の間に特徴的に見られる村落と都市の、低次産業と高次産業の、あるいは中央と地方の間の、極端な住み分けからくる矛盾のうちに考えるべきものなのである。とくに、その最上位世代の退出によって、これから崩れることが予想される世代間バランスを、いかにしてこの先も平衡に保てるのか。これが、この問題が提起すべき最大の問いかけとなる。しかもその解答の一つは、当然ながら、その最上位世代が抜ける穴を、その下の世代の環流や出生によって埋め戻すことに求められる。世代の観点から、そこまで議論は進められるはずだ。

過疎問題はまずは人口問題である。人口バランスに生じる問題は、人口の移動か出生によって解消するしかない。とはいえ、排出されてしまった人々を呼び戻すのは、やはり容易なことではない。ここには産業の問題が絡み、また別の面から見れば国土利用・土地利用の問題が絡んでおり、農村問題だけでなく、都市問題まで絡んでくる。しかもそこに新たな命の出生の問題まで絡んでくるとすれば、結婚や出生、子育てまで含み、問題の枠組みはさらに大きなものとなる。要するに、過疎・限界集落問題は、超高齢化してしまった地域を見ているだけで解ける問題ではなく、日本社会全体のあり方、場合によってはその持続可能性にも関わる非常に大きな問題の一端なのである。

限界集落問題を、地域社会の消滅予言ではなく、避けるべきリスク問題として提示し、逆にそこから将来あるべき地域社会の姿を描き出していくこと。限界集落論が追求すべきはこのことである。そしてそのためには、具体的な地域社会を起点にして、個々の集落の世代間継承の可能性を探りながらも、それぞれの集落を越えて、場合によっては日本という国家社会のあり方にまで議論を広げていくことが必要になる。「かわいそうな人々を救え!」ではなく、日本社会論につながる形で限界集落問題を解読し直していく中にこそ、希望ある展開は導き出されていくはずである。

そして、そうした作業を行うためにも、本章の最後に、これからの議論の布石としてもう一つだけ、ある問いについて考えておくことにしたい。すなわち、「限界に至っている集落を、なぜ残さなければならないのか」「全体の効率性からいって、公的資金を投入してでも、条件不利な地域から離れてもらって、より便利な場所に住み替えてもらう方が合理的なのではないか」という、しばしば耳にするあの問いである。

この問いは一見、正しいように見えるが、実はここには多重の罠が潜んでいる。検証を試みておこう。

4　効率性の悪い地域には消えてもらった方がいいのか

†限界集落は非効率的な場か

　限界集落のような、効率性の悪い地域には、この際、消滅してもらった方がよいのではないか――過疎問題に取り組んでいると、こうした意見をよく聞くことがある。テレビの報道などで識者やコメンテーターも発言しているくらいだから、世論とまではいかないまでも、広く世間にくすぶっている潜在的意見と言ってよいのだろう。この問いへの答えは集落問題の根幹にも関わるものだから、この章でも最後にこの問いに答える形で、限界集落問題の背後にあるさらなる問題の深みを確かめていくことにしよう。

　実のところ、この問いは、突き詰めていくと論理的に自己矛盾をきたし、問いを発した人自身を破壊しかねない、根源のところで間違っていると言うべきものである。

　しかし、まずはここで問題となっている「効率性」の議論に乗って、効率性の観点で反問することから始めてみよう。

まずこの問いが正しいとして、では何をもってその「効率性」を判断するべきだろうか。

歴史を大きく遡ってみよう。超高齢地域のうち、多数を占める山村は、本来はきわめて効率性の高い地域だった。山村の多くが、採集狩猟と農耕をベースとして自給自足を実現しうるような場所が選ばれ、切り拓かれている。いま問題になっている過疎集落のほとんどは、長い歴史の中ではむしろ、生きていくのに効率的で合理的な場所なのである。

むろん、それぞれの集落は市場経済にも強く結びついており、決して長い歴史を自給だけで過ごしてきたのではない。しかし経済の規模が現在のように巨大化していない段階では、自給自足の確保もまた必要であり、それが可能であったからこそ、その地での生活が可能となっていたのである。そして、市場経済と言っても、それが国内に限られていた限りでは、それぞれの地域はそれぞれの役割を持ちつつ、互いに深く関わりながら国民社会を形成し、いわば明確な分業が成り立っていた。それゆえ、広域的なつながりの中で見た場合にも、各集落は互いに合理的・効率的に結びつきあっており、無駄な地域などはなかったのである。

一部の地域が効率が悪いとされるようになってくるのは、食糧や燃料、原料生産の業種が国際的な市場経済の波に押されるようになってからであり、たかだか数十年のことにすぎない。グローバル経済が今後も安定的に我々に恩恵をもたらしてくれると仮定できるなら、いわゆる過疎地域の大半は、今後も効率性の悪い地域であり、その生産現場を維持することは無駄なことになる。他方で、グローバル経済については、今後とも先行き不透明な面があり、海外では盛んにその抵抗運動も行われている。植民地主義の温存や貧困、差別問題と結びついたり、あるいは環境問題・エコロジー問題との関連も指摘されており、グローバル経済が必ずしも人間に幸せをもたらすものとは考えられていない。また、ふくれあがった巨大経済は破綻したときの崩壊の規模も大きく、グローバル経済に頼った国際社会の設計はリスクが高いという議論も根強い。ほんの数十年の変化をもって歴史的判断を急ぐことに、我々は慎重でなければならない。すでに約一〇〇年ほどの間に、世界大恐慌と世界大戦を経験し、農山漁村がその一時的な避難場所になったばかりなのである。

それでも、グローバル化は世界的趨勢であり、その中で日本という国の形もそれに適合するよう効率的にスリム化する必要がある、というふうに議論することもできる。しかしそのように議論できたとしても、我々はさらにより本質的な問題に直面することになる。

†誰にとっての効率性か

第二の問題は、効率性の悪い地域には消えてもらうとして、ではその判断はどのように行えるのかという点である。抽象的論理的にはともかく、判断を具体的にどのように下すことができるのか。この問題はさらに二つの問いに分けて考えていくことができる。

まず一つには、どこまで残し、どこまで切り捨てるか、その判断はいったい何を基準に行いうるのかという問いである。

何をもってある地域を効率的と考え、また別の地域を非効率と判断できるのだろうか。効率性をひとまず経済性とするなら、国際競争に勝てるような経済力を国民に貢献しうる地域が効率性の高い地域ということになる。もしそうなら、例えば先の青森県などは明らかに効率性の悪い地域として、原子力発電所と自衛隊の基地以外、そもそも不要ということになりかねない。まして原子力開発の見直しが進む中、今後はいっそう苦しい立場に立たされるだろう。では岩手県はどうだろうか。宮城は。福島は。突き詰めれば関東や中部の一部のみ以外は、日本の中からなくなってしまった方がよいという議論にもなりうる。国際競争の中ではお荷物にすぎないからだ。しかし、ではどこでその線引きを行えるというのだろうか。

このように、一見、絶対的真理のように見える効率性の論理も、どこかで危ういものを持っていることに気づく必要がある。思考実験を色々と繰り返してみるとよい。効率性／経済性を、現時点での経済性ということだけで考えていけば、高齢者は無駄だし、子供も不要となる。しかしそのような社会は長く存続できない。子供や高齢者のいない社会などないからである。とすると、この問いは、どこか根元のところで間違っているのである。

それでもなお、この問いが発する効率性の問題提起が正しいものであるとしよう。では、誰が、ある地域を無駄だと判断し、その存続の廃止を決定しうるだろうか。その主体はいったい誰なのだろうか。これが二つ目の問いだ。

†他者が判断できるのか――医療のアナロジー

集落存続の問題は、医療倫理の問題などと非常に似かよった面があることに注意しよう。患者が不治の病にかかっている。いま作動している生命維持装置を外せば、患者の命はない。装置にはそれなりの経費がかかるから、経済性だけを考えるなら、この人の命を長らえることは無駄である。しかし、では誰がそれを判断するのだろうか。そもそも、その患者の生命は本当にあと数日だとする明確な根拠はあるのだろうか。もしかするともっと生きながらえるかもしれないし、その間に新たな治療法が解明されるかもしれない。

医療の現場で治療の継続を判断するのは、根本的には、医者ではなく、研究者でもなく、ましてや世論やマスコミでもない。やはりその当事者や家族である。むろん、生命維持装置にかかる経費の問題もそこでは重要な指標にはなろう。それでもその経費の多寡をふまえた上で、最終的に決断する主体は、本人自身であり、その生きる意志にかかっている。

このアナロジー（比喩）は、限界集落論と効率性／経済性の議論の関係を理解するために、きわめて分かりやすい状況を示してくれる。地域社会を存続させていくために必要な財政やインフラをどのように確保していくべきか、このことには様々な人が参与し議論することはできる。しかしその地域の将来を決めるのは、他人ではなく、本人自らであるべきだ。個人に置き換えればすぐに分かる。「あなたが生きているのは世間にとって無駄なので、早いうちに亡くなってはいかがですか」。

「効率性の悪い地域は消えた方がよい」という議論は一見合理的に見えるが、いわば右のような発言と同じことを、ある特定の地域に対して言っているのである。言われた方は確かにぐうの音も出ない。しかし、では何をもってこの人は自分よりも高いところにいて、自分に対してこのような発言ができるというのだろう。発言しているその人自身は、自分自身の存在を、世間に対して有意義なものであると胸を張って言い切ることができるのだろうか。自分と他者を比べて、自分の方が生きている価値があると言う人は愚かである。

だが、この医療のアナロジーは、実際の限界集落論と違う面もある。

死に至る不治の病は、過去の症例からの科学的推測であって、未来に対する予測にはそれなりの強い根拠があるかもしれない。しかし、限界集落論が示している事態は、まだ観察されたものではなく、表面的に見えるところから進めた、単なる憶測にすぎないからだ。

高齢者ばかりの集落も現れているが、当事者である多くの過疎地域の人々に、まだ自覚症状はない。漠然とした不安は堆積しているが、事態はまだ顕在化してはいない。二〇年前の予測では、高齢化率が五〇％を超えると、地域は存続しえなくなるとされた。しかし現実にはそうはなっていない。事態は進展しないかもしれない。それどころか、もしかすると、我々が気づいていない、地域を存続させる隠れた構造が存在しているのかもしれないのである。

†効率性の価値 vs.安心・安全・安定を求める価値

「効率性の悪い場所には、この際、消滅してもらった方がよいのではないか」——一見、客観的で中立的な立場から発しているかのように見えるこの問いも、よくよく検討してみると、具体的には、「グローバル経済下の戦いの中で、日本という国家の（現在の）経済性のために、負担になる地域はなくなってもらった方がよい」という言明に縮約されうる。

むろん、どのような意見を表明するのも自由だし、こうした問いを発することもあってもよいのかもしれない。しかし、こうした問いには例えば、「うちの地域は今後とも存続するつもりだし、そのように努力したい」という答えで十分である。さらには「この地域は頑張っているので、目先の経済性はともかくとして支援すべき」というのもありうるし、「私はこの地域が好きだから応援したい」というのも正しい。いずれも、ある特定の立場から特定の価値を表明したものとすれば同列にある。効率性から地域を問い直す立場は、数ある価値のうちの一つにすぎない。

こうしてこの問題は、基本的には、異なる価値の間の対立の問題として考えることができる。本章では、過疎・限界集落問題は人口問題であり、産業問題であり、国土利用問題でもあると説いてきたが、さらに言えば心の問題、価値の問題でもある。そしてどうもこの価値の対立は、もしかすると、ここで明らかにしてきた世代問題とも深く結びついているのかもしれないのである。

一方で効率性・経済性・合理性を追求する立場がある。現代日本社会では、とくに一九九〇年代以降、この価値が急速に我々を取り巻き、絶対的価値であるかのように振る舞い始めた感がある。これはおそらく、より新しい世代が社会の激変の中で編み出してきた、新しい時代を乗り切るための新しい思考法なのだろう。

他方で、我々の生活の中では、「このささやかな暮らしがいつまでも続きますように」、「自分の子供や孫が、大きな苦しみや不幸に見舞われることなく、安心・安全のうちに過ごせますように」、こういう願いもまた、当然の価値として存在する。これは、世代を越えて親・子・孫へと受け継がれてきた価値である。

前者が自由主義・競争主義を軸にした、平成日本に現れてきた新しい主導的価値であるとするなら、後者はもともと日本社会に根付いてきた伝統的価値と言えるものだ。ところで、前者がたしかに新しい時代に適合するためのものであるとしても、それがつねに勝者・敗者の色分けに専念するのに対して、後者の価値は旧態的ながらも、我々人間一人一人を大切にし、また他者の暮らしを尊重することにもつながる、共生の理念と言ってよいものである。むろん、社会が存続していく上で、全体の効率性の観点は無視されるべきものではなく、激動の時代の中で経済や国家を運営していくのに必要不可欠なものではある。しかしまた、効率性を重視するあまり、暮らしの「安心・安全・安定」が脅かされるなら、何のための効率性なのかということにもなる。

ところで、この二つの価値は、議論の展開の仕方においても、大きく異なる性格を持っている。効率性を重視する価値の観点からすれば、限界集落をいかに扱うべきかの問題は、過疎高齢化の進んだ集落を、政府や専門家、あるいは経済がいかに支え、救えるのかという発想にならざるをえない。そしてこの発想から始めれば、その結末も当然、何をどこまで救済すべきなのかという話になるのも道理なわけだ。

しかし、暮らしの安全・安心・安定の価値から見れば、政府や行政がどう救うかという発想以前に、地域の中で暮らす人々自身がどうしたいのか、あるいはこの地に関わりのある人々が今後もこの地とどう関わり、どう行動するつもりなのか、当事者たちの主体性が問われることになる。あるいは、すでにふるさとを失った人間にとっても、本来、日本社会を構成する重要な基盤であったむらや町といった地域社会を、自分自身を含めて今後、どのように社会全体として受け継ぎ、日本という社会をどんなふうに設計したいのか、他者の問題ではなく、自分自身の問題として問うことでもある。

そしてもし、こうした問いから出発できるのなら、これまでのような、「かわいそうな高齢者をどう救うのか」とか、「効率性の悪い地域には消えてもらえ」とかいうものとは全く異なる方向で限界集落論を考えることができるようになるはずだ。それは国家発・経済発・専門家発の議論ではなく、集落発・家族発、そして何よりも個々の暮らしの中から発する議論になるだろう。

第４章
集落発の取り組み

観光スポット、ミニ白神のある青森県鰺ヶ沢町黒森集落（2008年撮影）。

1　集落再生プログラムに向けて

†集落再生を考えるに当たって

以下の後半三章では、筆者が関わってきた、青森県におけるいくつかの具体的事例を示しながら、限界集落問題をうまく切り抜けていくために、今後に向けて何が必要なのか、集落再生のためのプログラムについて整理していきたい。

まず第4章では、この問題を考えるための深い材料を筆者に与えてくれた調査地の一つ、青森県西津軽郡鰺ヶ《あじが》沢町《さわまち》にある深谷《ふかや》地区を訪ねることにしたい。ここで紹介するのは一見、些末な事実の積み重ねだが、第5章・第6章の主要論点につながっているので、ややわずらわしくとも、筆者はこの地で考えたことを示しておく必要がある。論理発の再生論ではなく、フィールド発の再生論を構築するためにはどうしても必要な手続きなのである。

最初に、集落再生を模索するに当たって、筆者自身が重視した二つの点を述べておこう。

第一点目として、限界集落をいくつもまわってみて分かるように、実際の集落の状態は、いまだにいたって健全だということである。では、この健全さはいかなる根拠に基づくのだろうか。

そしてもう一点は、集落再生のプログラムといっても、何を起点にそれを進めるべきか、という問題である。この第二点目について、もう少し詳しく述べておきたい。

†発想の転換が必要

過疎問題の歴史をたどれば、そこには異様なほどの国の関わりがあり、これまでの過疎対策がつねに国主導で動かされてきたことを実感する。そして、これまでの地域再生をめぐる枠組みも、基本的には国の側でメニューが作成され、行政機関がそれを受けて各集落に示し、事業への参加が促されるというスタイルがとられてきた。過疎問題解決のプログラムはこれまで、その起点は国や行政の側にあって、当の集落や住民の側にはなかったと言ってよい。

このことは研究者や専門家と呼ばれる人間の側でも同じであったように思う。議論はつねに専門家の側から始まった。近年ではＮＰＯや市民による事業においても同様だろう。地域に暮らす住民の側からすれば、どこか雲の上の遠いところで議論がなされ、問題点が提示され、また何をすればよいかのメニューも示されてきた。しかもそこには、しばしば資金まで用意されていて、自分たちはただついていけばよく、かつては従ってさえいればお小遣いさえもらえることもあったわけだ。

二〇〇〇年代の行財政改革以降、最後の資金面については制約がかかるようになり、自己資金を要求されたり、強い監査が入ったりと厳しくはなったが、メニューが向こう側から下りてくる構図は依然として変わっていない。これについては、当の住民側にも問題はあった。こうした補助金行政・メニュー行政に慣らされてきたため、それが当たり前と考えるようになり、身近な市町村の担当者とのやりとりでさえも、最後は「役場は何をしてくれるのか」としか話ができないようになっていた。専門家に対しても同じだ。問題解決のために何をしたらよいか、答えを出してくれるのを期待するだけで終わってきた。

集落再生プログラムを考えるに当たっては、こうした根本のところからの発想の転換が必要である。集落の外や雲の上ではなく、限界集落とされるその場所から発する再生論を構想しなければならない。過疎・少子高齢化の現場で、これまで何が生じ、これから何が起きようとしているのか。この問題に関わる人々が、いま何を考え、どんな行動をし、どこを目指しているのか――こうしたことを起点にした集落再生論である。

筆者の専門は社会学だが、その社会学を最初に提起したオーギュスト・コントは、社会学者の役割を助産婦に似ていると表現した。社会は人間の思い通りにはならない。しかし、社会に起きつつあること、その将来像は、実証的な観察によって予見できる。予見ができれば、それが速やかに進行するよう、安産の手助けをすることだ。コントのこの議論は、近代社会を解読するという大きな枠組みの中で提示されたものだが、助産婦という表現は、この集落再生の問題にも適切だろう。まずは人々のうちに胚胎《はいたい》しているものを見定めなければならない。そこに何もなければ、それは死産に終わるかもしれない。しかし、何かがそこに用意されているなら、それを明るみに出し、実現するよう手助けすることだ。

集落再生プログラムを描くこと自体はそう難しいものではない。パソコン上で図を描くことなどやろうと思えばいくらでもできる。しかしそれが実行可能なものであるかどうかは疑わしい。各集落それぞれに個別の事情がある。そこに暮らす人々の思いも様々だ。抽象的な論理を展開しただけでは、現場には何の役にも立たないだろう。

それでも各地域で生じていることには、どうもある一定の方向性がある。限界集落問題は、北から南まで、全国どこにでも同じように現れている。とすれば、解決へのプログラムもある程度、同じように描ける可能性もある。共通する構造を慎重に見極めながら、その地に合った最も良い再生への道筋を、人々とともに引き出していくこと。鰺ヶ沢町の深谷地区ではそうしたことを目指して取り組み、かつそこでは一定の成果も見られた――ただしその成果は、既存の枠組みで考えている人にはがっかりするものかもしれないが。以下にその内容を、やや詳しく記述していきたい。

2　住民参加型バスの先駆性

✝画期的なバスの開通

青森県西津軽郡鯵ヶ沢町。JR五能《ごのう》線で行けば、弘前から一時間ほどで日本海が開け、鯵ヶ沢駅に到着する。次の駅が陸奥赤石《むつあかいし》駅。駅前に連なる赤石の小さな町を出て、赤石川を遡り、さらにその支流・沼ノ沢《ぬまのさわ》をたどって急坂をのぼっていくとやがて深谷地区に入る。公共交通では一日に一往復半のバスが鯵ヶ沢駅前からあるのみだ。

二〇〇七（平成一九）年夏、日が暮れて涼しくなり、時折風の通る地区公民館の中で、弘前大学社会学研究室の学生たちとともに、深谷地区の地域調査を行っていた。深谷地区は計三集落からなる。麓に近い方から順に、深谷・細ヶ平《ほそがだい》・黒森《くろもり》の三集落である。

このうち真ん中にある細ヶ平集落の地区公民館に、深谷町会長の滝吉和俊さん、細ヶ平町会長の工藤幸夫さん、そして黒森町会長・山田衛さんを迎えて、聞き取り調査が始まった。テーマはこの集落の交通問題である。鰺ヶ沢町深谷地区はもともと、過疎地のバス交通で全国的に注目されてきた地域の一つだ。

一九九〇年代、この地域では念願であったバス路線開通を、住民参加方式で実現した。その設計に大きく関わっていたのが、当時弘前大学社会学研究室にいた田中重好《しげよし》氏（現在、名古屋大学教授）である。弘前大学社会学研究室ゆかりの三集落というわけだが、鰺ヶ沢町役場に確かめたところ、このうち一集落が六五歳以上人口比率五〇%を超える、いわゆる限界集落に突入しつつあるという。住民参加型バスの一五年後を調査しつつ現状を聞いてみようと現地を訪れた。

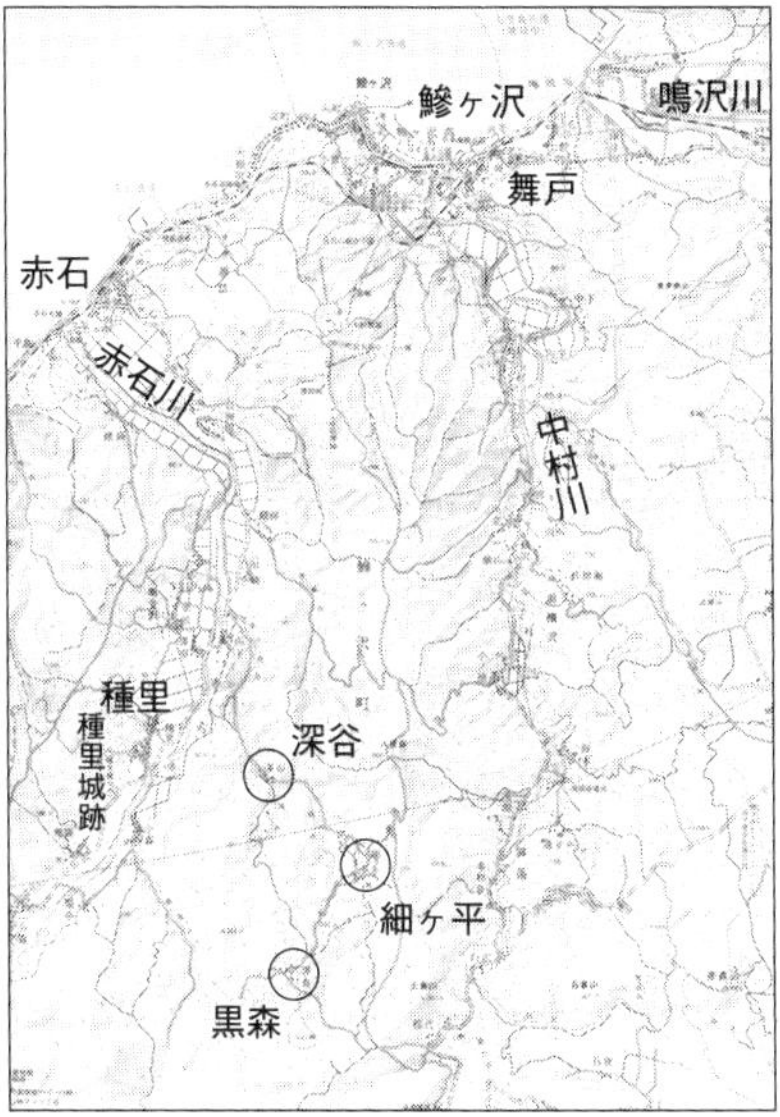

図11　鰺ヶ沢町深谷地区（深谷、細ヶ平、黒森）とその周辺（鰺ヶ沢町役場提供、５万分の１地図より作成）

鰺ヶ沢〜深谷・黒森間にバスが通ったのは、一九九三（平成五）年八月のことである。もともとこの地域では、一九七七

（昭和五二）年の中学校統合でスクールバスが入るまで、冬期間の道路の除雪さえ十分に行われておらず、自動車交通そのものにも支障のある地域だった。その後も公共交通とは無縁であったこの地域では、鰺ヶ沢の町にある高校に行くにも下宿せねばならず、バス開通は地域の悲願だった。長い間の運動を経て、住民集会、バス会社・役場との折衝が重ねられ、次のような住民参加方式を採用することで、九三年のバス開通にこぎ着けることとなった。三集落に暮らす高校生を持つ家は必ず定期券を買う。時間は学校に間に合うよう調整する。何より、毎月一〇〇〇円分の回数券を、乗っても乗らなくても全戸で必ず買う。三集落が全戸をあげて負担をすることで、役場も不足分を補助し、バス会社（弘南バス）も企業努力を重ねることを約束して、路線開通の実現を見たのである。

このやり方が画期的であったのは、これまでややもすれば公共サービスとして提供「してもらう」のが当たり前であった公共交通の問題を、自分たちの負担で運行するという全戸共同方式で解決したことにある。バスに乗る・乗らないにかかわらず、バスが通っていることがみなにとって重要だという形で、水道やガスなどの公共料金と同じように考え、必要な基本料金を支払うという手法で実現している点がとくに重要である。

この仕組みは、深谷方式の住民参加型バスとしてマスコミ等にも取り上げられ、広く知られるモデルとなった。青森県内でも浪岡町《なみおかまち》（現青森市）細野地区、相馬村《そうまむら》（現弘前市）

藍内地区にも波及し、他の追随を得た（このうち細野地区では最終的にバスは廃止され、のち住民参加型ではない形で再生）。

その後、採算性から減便を余儀なくされたり、また毎月全戸で買う回数券の額を二〇〇〇円に増額したりするなどの措置を施しながらも、住民の間では「バスは必要」との総意のもとに住民参加型バスは続けられていた。

このようなやり方は、小さな集落ならではのものだと言ってよかろう。三集落各地区から三人のバス運営協議会の委員を出す。計九名が責任を持って運営するのだが、重要なのは住民たちから毎月二〇〇〇円分の回数券代を彼らが直接徴収してまわっている点だ。都会の暮らしでは考えられない、小地域ならではのある意味で強引な全員参加の仕組みだ。しかし、長年筆者もこの地に通ってきたが、住民たちからこの方式に苦情は一切なく、むしろ、必要なインフラは自分たちで守るものとして、当然のこととしての参加が続いている。

†一五年後の現実

もっとも、事業が始まって一〇年以上が経った現在、振り返ってみると様々な問題も浮かび上がってくる。そのうち最も重要なものが、集落の人口問題であった。

一九九三年（平成五）のバス開業の際、二五〇名いたこの地域の住民は、二〇〇七（平成一九）年時点で一八六人に減少していた。戸数の減少はまだそれほどではないが、すでにお年寄りの一人暮らしが目立ち始めており、高齢化の進行が不安材料となってきている（実際に、この直後の数年で、何軒かの戸数の減少が生じることになる）。何より子供が激減した。一九九三年には一〇名いた高校生が、二〇〇七年には二人になってしまった。その他、中学生五人、小学生六人、最奥の集落・黒森では子供が二人という状況である。

本来、高校生の足を守ることが、この住民参加型バスの一つの目標だった。しかしながら一五年経って、肝心の高校生がいなくなり、この先も増える見通しがなくなってしまっている。かわりに地域の人々の加齢は進むから、お年寄りだけは増えてきて、高齢化率が上昇する。そのため、高校生のために始まったこのバスも、いまは自家用車のないお年寄りの利便のためのバスに特化してしまった。

地域住民には「今後もバスは必要」という強い気持ちがあるが、それはいまのお年寄りも含め、残っている自分たちが将来、加齢により自家用車の運転ができなくなった場合の保険のようなものとして理解され始めている。しかし、子供がいないという状況は、今後の集落を支える人がいなくなることを意味しており、先の先を考えたとき、重要かつ避けられない問題がここには内在していることになる。

集落内の人口構成は、三集落とも小さなところだから、町会長自身が頭で計算するだけですぐ分かる。だからうすうす問題があることは分かっていたが、とくにこれまでそのことを言葉にして問題化したことはなかったようだ。我々の調査に答えながら、「何かしなければならない」、この調査はそういう内省が働き始めるきっかけになった。

バスは残っても、地域が残らないのではないか。高齢者の暮らしを守るだけでなく、将来のこの村を担う人材をいかに確保するかが重要なのではないか。とはいえ、少子化問題が核心だとしても、この問題には結婚や出生、就業なども絡んでいてどう取り組んでよいか分かりにくい。しかしそれでもやはり何かはしないと。こうした話し合いの結果を鰺ヶ沢町役場にも伝え、官学民連携の集落再生事業がここからスタートすることとなった。

ところで、官学民の連携と言っても、その官に当たる鰺ヶ沢町自身が、実は何か新しいことができる状態になかった。町はこのとき、財政再建団体すれすれの状況にあったのである。そしてこのことも、これらの集落の取り組みを考える場合の重要な文脈になるので、ここで鰺ヶ沢町の過疎問題とその対策について、その経緯を振り返っておきたい。

3　鰺ヶ沢町の過疎問題

†バブル期前後の開発の失敗

鰺ヶ沢町は、青森県南西部に位置し、日本海に面した人口約一万二〇〇〇人の町である。近年は、秋田犬「わさお」でも話題となった町だ。昭和の合併前には鰺ヶ沢町、赤石村《あかいしむら》、中村、鳴沢村《なるさわむら》、舞戸《まいど》村《むら》の五つの町村だった。

人口のピークは町村合併時の人口約二万三〇〇〇人（一九五五年）で、そこから一度も人口増加することなく減少を続けており、第3章で示したΛ型の人口推移を示す地域だ。一九七〇年から過疎法の指定を受けている（一時、経過措置団体。一九九〇年から再指定）。

港湾機能や公共機関、商業施設が集まる鰺ヶ沢地区・舞戸《まいと》地区が、都市・郊外的様相を呈しているのに対し、深谷地区を含む赤石川沿いに開けた赤石地区、中村川沿いの中村地区、鳴沢川沿いの鳴沢地区は農林業を主とした農村地帯である。これらの農村地帯は、川沿いに内陸山間部にまで集落が点在し、中村川・鳴沢川の上流部は岩木山《いわきさん》に、また赤石川の上流部は世界自然遺産・白神《しらかみ》山地に連なっている。

鰺ヶ沢は、近世には弘前藩の御用湊として栄えた。明治以降は鉄道の敷設などに伴って陸上交通への転換が進むが、町そのものはその後、西海岸地域の行政的・経済的中心地としての性格を強めていく。しかし、町村合併が行われた一九五〇年代から、公共機関の統合集約化が進み、鰺ヶ沢町の拠点性は弱まって町の衰退が始まった。それはおりしも、地域の主要産業である農林漁業の衰退とも重なっていた。

こうした過疎化の進行を受けて、町では大規模施設の導入を進め、事態の打開を狙っていく。一九八三（昭和六三）年に七里長浜港の建設着工、一九八九（平成元）年にはリゾート開発ブームに乗って鰺ヶ沢スキー場がオープンする。一九九四（平成六）年にはさらに鰺ヶ沢ゴルフ場、鰺ヶ沢プリンスホテルが建設されたが、七里長浜港はいまだ未完成。またリゾート施設も、経営主体であるコクドが破綻し、現在は名称を変えて営業中である。

このような経緯を経ながら、鰺ヶ沢町はいわゆる財政再建団体すれすれのところまで行き、二〇〇六（平成一八）年に夕張市の財政再建団体入りが問題になった際にも、次の夕張としてひそかに噂されていた地域の一つとなるが、この財政困難の状況が生まれてきた直接の要因になっているのが、九〇年代に建設された、ある施設の存在である。JR五能線で、弘前から日本海に出ると、鰺ヶ沢駅に至る手前の海岸べりに見えてくる、ひときわ目立つ四角く大きな建物がある——「日本海拠点館」がその問題の施設である。

一九八九（平成元）年、町制一〇〇周年を記念し、町出身の有識者を招いて開催された「港町未来フォーラム」。ここでなされた提言が、「環日本海時代の到来」「観光開発」「人材育成・国際交流」であった。「日本海拠点館」はこの提言を受けて、一九九七（平成九）年に建設された。総事業費四五億円、ホール、図書館、環日本海資料室、会議場からなり、なかでも会議場は数カ国語の同時通訳が可能な国際会議場となっている。

この建物の維持費に年間五〇〇〇万円強がかかっており、二〇〇〇年以降の行財政改革で予算規模が八〇億円台から六〇億円台へと激減した町にとっては、非常に重たい存在となっていた。図書館なども併設されているため、利用頻度は決して低いわけではないが、町の規模に余る建物であることは間違いなく、例えば自慢の国際会議場も、フル稼働したのはほんの数回である。

町の逼迫した財政難状況は、二〇〇〇年代前後に進んだ平成の市町村合併の動きの中で、周辺から鰺ヶ沢町一人が取り残されるという事態を生んだ。青森県の西海岸の南部を占める三町村、鰺ヶ沢町・深浦町・岩崎村は、誰が見ても平成合併が行われる当然の枠組みだった。しかしながら実際の合併は、鰺ヶ沢町を切り離す形で進められ、二〇〇五年、深浦町と岩崎村が合併し、新深浦町が誕生した。

†大学との協定やまちづくりファンドも不発

このままではいけない。町では、合併に取り残された二〇〇〇年代後半以降、様々な団体との連携を模索し、新たな地域づくりを目指していく。

なかでも目立ったのが、二〇〇五（平成一七）年に結ばれた弘前大学との地域連携事業の協定締結である。青森県唯一の国立大学法人・弘前大学にとっても、これが初めての地域連携協定で、大学改革が進む中、各紙もこぞって注目した。

また同時期、NPO法人との共同事業も進められていった。JR五能線の鰺ヶ沢駅と陸奥赤石駅を結ぶちょうど中間点の高台に、一本、そびえるようにして立つ白く巨大な風車がある。青森市に拠点を置くNPO法人・グリーンエネルギー青森が建てたもので、県内・県外から、市民の出資を募り、実現した。この市民風車「わんず」は全国的にも話題になり、二〇〇三年の建設当時は多くの見物客がこの地を訪れた。

グリーンエネルギー青森は、鰺ヶ沢に風車を立てたことで、鰺ヶ沢を拠点に様々なエコロジー関連事業をモデル的に立ち上げていく。そのうち、とくに町との連携で行われた画期的な事業が、鰺ヶ沢マッチングファンドの設立である。市民風車からの売電で得た利益から寄付を募り、グリーンエネルギー自身の収益とあわせて年間五〇万円ほどを町に寄付する。町では厳しい財政の中、同じく五〇万円を捻出して計一〇〇万円とし、これを使い切りのファンドとして毎年、町民からの事業提案を募り、市民参加のまちづくりを応援する仕組みをつくった。

しかしながら、これらは結局、十分な成果が出ずに終わってしまう。大学が関わるにしても、都市の市民活動グループが関わるにしても、結局、町民の側の積極的なまちづくりへの関心が出てこなければ、何かが変わることは難しく、いずれも最初の一、二年が過ぎれば、一気に熱が冷めてしまっていった。それどころか、その間、過疎・少子高齢化は着実に進んでいたのである。

†鰺ヶ沢町の集落状況

二〇〇七年初夏、先の深谷地区調査に先立ち、私ども弘前大学社会学研究室と鰺ヶ沢町役場総務課では、町の各地域の高齢化率の検討を行っていた。鰺ヶ沢町の高齢化率はこのとき、三一・一％。だが、地域ごとに違いがあるのは明らかで、まずは町のどこに少子高齢化が進んだ場所が現れるのかを確かめてみることとした。

鰺ヶ沢町は七八の統計区に分かれる。町会は六九あるので、ややズレるが、大筋には関係ないので、統計区の集計をここではそのまま使用して、町の過疎の地域間格差の状況を紹介してみる。

まず、七八統計区のうち、六五歳以上人口比率が半数を超えるいわゆる限界集落は一つである。その一つも、特別養護老人ホームの入所者がカウントされており、とりあえずこの時点で鰺ヶ沢町には限界集落は統計上はない。しかし、平均寿命が全国でも最も低いレベルにある青森県の高齢化率は比較的低く出る。そのことを考慮し、高齢化率四〇％以上の線で統計区の数を数えてみると、一〇地域が該当した。さらに五五歳以上人口比率が半数を超える準限界集落となると、すでに二八の統計区が該当し、全体の約三分の一となった。このうち、最も高齢化率の高い集落が、ここで取り上げる深谷地区の黒森であった。

高齢化率の高いところがどこにあるかを地図に落としてみると、興味深いことが分かってきた。一つは、深谷地区のような山間部に点在する集落である。なかでも白神山地・岩木山の山々に近づくにつれ、高齢化率は上がり、子供の数も少なくなっていく。

他方で、鰺ヶ沢の町中にも高齢者集住地帯があることも分かった。もともと雇われの漁師や、その漁師たちを雇う網元や運搬業者から成り立っていた町で、またこうした人々の日々の暮らしに関わる商売を営んでいた人たちの町でもあった。漁業・海運の衰退、そして町そのものの拠点性の喪失が、人口に大きく反映されていた。

鰺ヶ沢の町の中心部と、町から最も遠い山間の周縁部に広がる超高齢地帯。一九五〇年代からの人口減少開始以来、町では、一九七〇年代からは過疎指定も受け、ハード・ソフトの両面で積極的に様々な過疎対策を行ってきた。また地域の外から有識者や研究者、市民活動を通じた様々な資源を導入し、その導入は、国立大学との県内初の提携、環境NPOによる自然エネルギー推進の町という、外向きにはすばらしい栄誉を勝ち取ってもいた。にもかかわらず、その背後で進行していた地域内の少子高齢化・地域間格差の拡大に対して、実質的にはほとんど無策であり、気がついたときには数十年前であれば考えられないような、超高齢社会が町の中心部と山間部に展開してしまっていた。

とはいえ町の中心と周縁の二つの特徴的な超高齢地帯のちょうど中間には、高齢化率の低い場所も現れていた。それはこの町でも、それなりにきちんと形成された郊外の新興住宅地であり、中心市街地を迂回するバイパス沿いに、新しい住宅街と大型スーパー、そしてコンビニやパチンコ屋が立ち並び、若い人々はここに集住していた。

†職員の意識の転換

この現状をあらためて確認する中で、町でも、今度ばかりは住民主体の過疎対策の重要性、必要性を切実に感じ始めていた。しかも加えて、先述のように、この町では財政の問題が、他所よりももっと大きくのしかかっていた。自治体の財政難は、むろんのこと、職員の生活にまで深く及び、町では、事業の見直しを進めるとともに、職員の給与削減と新規職員採用を控えるところまで手をつけて、財政再建に取り組んでいた。

それゆえ、面白いことも生じていた。とりあえず職員はいるが、財源がないので、新しい事業が興せない。過疎法による過疎債も、これまでは償還が楽だということで、過疎指定市町村は他市町村から羨ましがられたものだが、利子補給があるといっても結局、借金は借金である。借りたものは、いつかは返さなければならない。いまやそうした体力もなくなってしまっていた。

そこで補助事業の確保に向かうのだが、補助金を獲得しても、メニューが細かく、自主的にやれるものが少ない。そもそも、町のためにするものなのか、それとも補助事業提供者（各省庁や国・県の外郭団体）のために仕事をするのか分からないものも多いことに気づき始めていく。期待した大学との連携も、結局、大学のためだったのか、町のためだったのか。当の町では、本当に必要なものまでも切り詰めており、地域再生への切実さははっきりしてきているのに、なかなかそれに応じた応援も連携も得られない。

二〇〇〇年代に現れ始めた一連の状勢変化は、次第に一部の職員の意識を変えたようだ。危機は必ずしも社会を悪い方にばかり引っ張るわけではない。むしろ、この危機は、よい意味での意識の変化を生み出すきっかけになったのかもしれない。自分たちが動かなければ町はよくならない。給料が出ているだけでもまだよい。とにかくお金をかけずに、手間暇をかけて地域を再生していかなければならない。

他方でこれまで、各地域に平等に振り分けられていた事業も、すべてに万遍なくばらまくこともできなくなっていた。どこかを切り捨てるわけではないが、まずはやる気のあるところ、まとまった力のあるところに重点的に施策を振り向けるしかない。地域住民自身にきちんと力を発揮してもらって、地域再生を進めていかなければ、自治体職員だけでは状況は好転しない。

深谷地区の三集落は、その重点地域に選ばれた。住民自身からの問題提起を受けて、その後、住民・役場職員・我々大学研究室で、何度も手弁当の会合を重ねて道を模索していくことになる。

炭焼きの村の共同性

4 深谷地区活性化委員会

鰺ヶ沢町深谷地区の深谷、細ヶ平、黒森と、沼ノ沢沿いに並ぶ三つの集落は、本来成り立ちも異なり、それぞれ別の歴史を経た別個の集落である。しかし、各集落十数戸という小規模集落の連なりだからだろうか、藩政期から三集落一つの行政単位でくくられることも多かった。現在も三つの集落を合わせて「深谷地区」とも呼ぶ。地区全体で五五戸、一八六人が暮らしている（二〇〇七年現在、地域への聞き取りによる実数）。

各村の成り立ちでは三集落のうち黒森が最も古いとされ、交通の要衝としての成立が考えられている。戦国期の動乱を制して津軽一国の支配を確立する津軽（大浦）為信《ためのぶ》の拠点・大浦城《おおうらじょう》（旧岩木町《いわきまち》賀田《よした》・現弘前市）と、津軽（大浦）氏発祥の地とされる種里城《たねさとじょう》（鰺ヶ沢町）とを結ぶ線上にあるこの村には、山間地ながら、近世（江戸時代）以降も中心都市・弘前と赤石・深浦とを結ぶ往来があった。次に早いとされるのが細ヶ平で、種里や赤石よりも鰺ヶ沢の湊に関係が深く、例えば寺も鰺ヶ沢の町の寺（高沢寺《こうたくじ》）の檀家が多い。最後が深谷でここが最も標高が低く、赤石の町にも近く、近世には三村の中心であった。

現在は水田の多いこの地域だが、もともとは炭焼きを盛んに行って生計を立てていた。夏期には遠い山に泊まり込んで炭を焼き、そこから峰越しにつけられた道路で鰺ヶ沢の町に炭を運んだ。冬期間は雪に閉ざされるので、三集落のそばにある約五〇町歩の薪炭供用林を順に使って炭を焼く。道路の普請は当然、地域で行ったが、冬期の道の確保も各地域の仕事であり、黒森は細ヶ平まで、細ヶ平は深谷まで、深谷はさらに麓の地域まで道をつけた。こうした交通の確保は昭和三〇年代まではどこでもやっていた当たり前のことだが、いまでもここでは道路の夏草の刈り払いを年に一〜二度地域で行う。

ここの集落に限らず、この周辺では現在でも農業用水のみならず飲用水も自己管理で、各集落ごとに別々に水源をもっている。農業用水は、それぞれ遠くから引いているので、その水路の管理はみなの共同で行わねばならない重労働だ。

一般に、街道沿いにむらや町が形成されるのは往来を確保するためでもあった。さらにこの地域は津軽地域の主要港であった鰺ヶ沢湊の燃料供給地であり、山林を利用することを通じて人々は生活し、そのことでまたこのあたり一帯の環境を管理して、より大きな社会や経済にとって不可欠の役割を果たしてきた。要するに、それぞれに、社会の中の必要性から生まれたむらであり、いくつかの変遷は経ながらも、その役割を、ずっと果たしてきたのでもあった。

†戦後の激変と二〇〇〇年代の少子高齢化

そうした状況は、海運が陸運に変わり、自動車交通が普及し、また商品作物への転換や漁法の高度化によって、農漁業の意味合いが徐々に変化していきながらも、一九五〇年代くらいまでは同じようなものだった。人口が減少し始める一九六〇年代は、ちょうど燃料革命により炭が終わる頃でもあり、この頃から地域の状況は一変する。

一九六〇年代～七〇年代は、ちょうど日本の経済が高度経済成長を経て低成長に転換した時期であるが、このあたりから産業の空洞化を埋めるように関東地方への（都市型）出稼ぎが盛んに行われることとなった。深谷地域も周辺の地域と同様に「出稼ぎのむら」となる。この時期の出稼ぎの主力は大正から昭和初期生まれであり、またそこに、成長して大人の仲間入りをした戦後生まれ世代も加わった。出稼ぎで稼いだ資金を注いで開田も盛んに行われ、また子供たちの高等教育化も実現し、次世代への投資が進められた。しかしながら、この戦後生まれ世代は集団就職世代でもあった。多くの人口がこの地域で育ち、残る者もいたが、多くは学校を媒介にして就職のため外へ出て行くこととなる。人口流出が進み、過疎化が進行するが、その後も戦前生まれはこの地で暮らし続けた。バブル崩壊後しばらくの公共事業盛況時代を経たあとは都会での仕事もなくなり、年齢的にも働けなくなってきたので出稼ぎも終わりを告げることとなった。

こうして一九九〇年代後半には昭和一桁生まれ世代が高齢者の仲間入りをし、地元で余生を送る生活に入っていった。高齢化率もこのあたりから急速に上昇する。それでもまだ、子供を産み育てる年齢の夫婦はそれなりにはいた。その子供たちと、自動車を運転しない高齢者の足の確保という課題を解決するために、この時期彼らは一致団結して、全戸負担で先のバス公共交通を実現させたことになる。

二〇〇〇年代に入り、集落の様相はさらに変化をとげていく。集落のメンバーはこの一〇年間、一定の年齢から上はほとんど変わらないが、育った子供たちが次々と地域を後にしていったため、年齢層に大きな偏りが生じ始めていた。すでに子供を産み育てる年代は極端に少なくなり、生まれる子供の数が驚くほど減っていく。そしてその変化の結果が、二〇〇三（平成一五）年の深谷小学校の閉校につながっていった。それでもなお、当地の暮らしは、見かけ上、破滅を予想させるような変化はなく続いていく。

しかし二〇一〇年代初頭に、このままでは自己再生できないくらいに、子供の数が減ってしまっていることに気づく。みんなの気持ちも、あとの人生をうまく乗り切ればよいという形に変わってしまって、次の世代に向けられなくなっていた。

この地で子供や若い人たちが安心して暮らせる環境をもう一度取り戻そう。我々の調査をきっかけに現状が再認識され、話し合いを経て、再生に向けた取り組みが始まった。もともと農山村は運命共同体である。共通した歴史をもち、水、道路・交通、神事や祭礼、医療や買い物の場の確保、地域の課題はみんなの課題である。それぞれに意見はあっても、共通の問題に共同で取り組むことに異論が出るはずもない。

お互いの協力や助け合いもあって、ここに暮らす人はみなここを良いむらだと思っている。地域に対する愛着、そして何より誇りもある。人口グラフを見ながらこの地域が抱えている問題を認識した上では、それをいかに乗り越えていくのか具体的に考えていくことが、次のステップとなっていった。

†岩手への過疎先進地視察から――自分たちが良く見えること

二〇〇七年一二月、我々は岩手県一関市《いちのせきし》、旧大東町《だいとうちょう》京津畑《きょうづはた》にいた。我々とは、例の深谷地区の三人の町会長、そして鰺ヶ沢町総務課から二名、そして筆者である。ともかくまずは、先進事例と言われるものを見に行きたい。町会長たちの発案で、急遽、一泊二日の日程で企画したものである。

京津畑は、旧大東町の北端、北上山地南端の山間部にある集落だ。五七戸、一六〇人、高齢化率四八%。ここではこの前年の二〇〇六年三月に閉校した京津畑小学校を地域の拠点として活動を始めていた。「やまあい工房」がつくる地元産品をふんだんに盛り込んだお弁当が好評で、漬け物や餅、おこわなどをつめた「まごころギフト便」とともに注目を集めていた。

京津畑地域との意見交流の中、頼んでおいた昼食が出てきた。さて、そのお弁当の味はというと、野菜やキノコなどの食材がよいだけでなく、地域の女の人たちの調理が上手なのだろう、おこわも絶品であった。道の駅に出している餅菓子などは飛ぶように売れるという。「なるほど、これなら、確かに全国販売でもいけるだろう」と筆者ははなはだ感心したのだが、京津畑を離れた車の中で誰かが言った。「あれだば、うちの女の人たちなら、もっといい味出すな」。一人が言い始めると、「あれができる」「これができる」と三会長の意見の応酬になった。実際にこの約一年後、それが必ずしも放言ではなかったことを筆者も知ることになる。

視察二日目。次に岩手県久慈市、旧山形村北西端にある木頭古《きとうご》にきていた。木頭古は戸数五戸、人口一八人。別名バッタリー村。村長の木頭古徳一郎氏が出迎えてくれた。バッタリーとは、水車を使った木製の脱穀・製粉装置のことである。一九八三（昭和五八）年、短角牛《たんかくぎゅう》の飼育から始まった東京の有機農産物流通団体「大地を守る会」との交流の際に、徳一郎氏の父・徳太郎氏が再現した。以後、バッタリのあるバッタリー村として全国的にも有名になった。

戸数五戸ながら活動は盛んであり、東京の消費者や学生たちとの交流があり、徳一郎氏手づくりの山村生活体験施設の整備は、炭焼小屋、豆腐工房、生活民具工房など多岐にわたる。村では、そば打ちをはじめ、様々な山の食材の加工ができ、その味を楽しめる。まさに小さな山村テーマパークである。

　ともかく徳一郎氏のバイタリティに圧倒される。この人を慕って首都圏からも若者が通い、中にはここに住もうという者も出てきているそうだ。「なるほど」と帰り道の車中で感心していると、再び誰かが言う。「あの村、テレビの電波入るんだか?」「わ（私）、も気になっていた。アンテナねがったべ」。申し訳ないけれども、筆者は苦笑してしまった。都会の人間からすれば、深谷もバッタリー村も同じ山村。それどころか、深谷の方が首都圏から遠く、鯵ヶ沢の中でも山の中にある、僻地の中の僻地だ。深谷の人が木頭古の心配をするなんて……。

　しかしそこで大事なことに気がついた。都会の人間からすれば、深谷も木頭古も同じに見える。しかし、住んでいる人間にとっては違う。そしてその際に、おそらく次のことが決定的に重要なのだ。住んでいる人間にとって、住んでいる場所、その場所こそが中心であり、発想の原点なのだ。そして、その場所は、確かに不便だの何だのがあるにしても、かけがえのない素敵な場所であり、ここに暮らす人たちは、いつだって他の地域の人よりも能力があり、ここでとれるものは他よりもずっとおいしいのだ。

　地域再生を始めるに当たって「自分たちが良く見えること」は、欠かせない重要な認識だ。深谷の三町会は、その原点がしっかりした集落であった。意外に研修は、向こうで学ぶこと以上に、そうしたことを行政・住民・研究者のそれぞれの立場から確かめる旅として、重要なものとなった。

†戻ってくる可能性がある人もいる——全戸アンケートの実施

「みんなの意見を聞きたい」という三町会長の依頼を受け、次に行ったのは全戸アンケートである。弘前大学人文学部社会学研究室がそのアンケートの作成に当たった。アンケートの組み立てはシンプルにした。現在、地域で抱えている問題は何か。今後しなければならないことは何か。何かをするとすれば、それは誰がするのか。アンケートの結果を集計し、三集落から主だった人を集めて、結果を一緒に分析していった。

まず「現在、地域で抱えている問題」では興味深い結果が出た。「今後、地域の生活の中で問題となるだろう」と思われることとして、「高齢者が生活すること」は、「とても問題になる」「やや問題になる」をあわせて、八〇%を超えた。その他、介護、暮らし・家計、交通、除雪、医療など、年をとってからの暮らしへの不安が非常に大きく、すべて七割を超えていた。これらは、実はいま、とくに大きな問題が生じている項目ではない。しかし、いまは良いとしても、将来はどうなるか。人々の間で、未来に向けてどんよりとした不安が溜まっていることがよく分かる結果となったわけだ。

しかもこのとき、一人の町会長があることに気づいてつぶやいた。「唯一少ないのは、教育への不安だけだ。でもこれは、子供がそもそもいないからだな」。

とはいえ何をすればよいのだろう。筆者は、少しだけ先まわしをして、手を打っておいた。それぞれの家族構成について丹念にきき、さらにはこの地を離れた出身者にも、何人かをピックアップしてもらって「出身者用アンケート」を送ることを提案しておいたのだ。

ヒントはやはりそこにあった。町内票四七（全五四戸に配布）に対し、出身者も一三票（二六票配布）が集まった。これらの家族構成や今後の意向を読み込んでいくと、興味深いことが見えてきた。まず、各家族の中にそれぞれ、現在、深谷地区から外に出ていながらも、この地に近いところに居住していて、日常的にも頻繁に戻ってくるきょうだいや子供たちがいる。そして何より、そうした人たちの中に、将来は戻ってくる可能性のある人が、少なくとも五人はいることが分かったのである。

「帰るという人がいるんだから、それが実現するように、その準備をしておこう」。そうした議論が始まった。そして、帰ってきた場合に、少しでも収入になることが必要なのではないかということで目をつけたのが、黒森集落の山林を利用してつくられた町の施設・ミニ白神であった。

†黒森のミニ白神――モニターツアーの試み

白神《しらかみ》山地は一九九三（平成五）年、ユネスコの世界自然遺産に認定された。鰺ヶ沢町にはその核心地域《コアエリア》が四六五〇ヘクタール（約二七％）含まれており、関係町村の中でも最も広い面積を有している。なかでも赤石地区は、その西側からの玄関口の一つで、ＪＲ五能線・リゾートしらかみの運行もあって、白神観光の主要ルートの一つとなっている。

白神山地は、縄文時代に形成された植生がそのまま残っているとされており、自然的・原生的な落葉樹林帯がこれだけまとまっている例は世界的にも稀少だとして評価された。なかでも、植生の極《クライマックス》相を占める広大なブナ林が見どころなのだが、ブナ林は標高五〇〇メートルを超える場所にしか成立せず、ちょっと観光に来て行けるという場所は限られる。その中で、鰺ヶ沢町が開設しているミニ白神は、比較的容易に自家用車で行ける場所にあり、遊歩道も整備され、センターも付設していてガイドを頼むのも容易なため、年間二万人を集めるちょっとした人気スポットとなっていた。

このミニ白神は、もともとは黒森集落が藩政時代から水源林（田山）としてブナ林を保有し管理してきたもので、高度のある水源林のため、樹齢の長いブナの巨木も多数含まれていた。炭焼の生業が終わり、利用も途絶えたこの山を、町では世界遺産指定をきっかけに整備し、気軽に行けるブナの林として開放したところ、多くの人が集まる場所となった。

ところが、そのミニ白神も、地域にとってはこれまでやっかいな代物といった感じにさえ映っていたのである。そもそも黒森のものだから、深谷や細ヶ平には関係がない。三集落は仲が良く、一見一体に見えるが、基本は別々である。また、ミニ白神に向かう観光客にもマナーの悪い者がいて、ゴミを捨てたり、地域の山にある山菜やキノコを勝手にとりに入ったりするため、迷惑扱いする人もいたのである。

しかし、そこに二万人も来ているなら、そこで何かできないか。これまで黒森のものとしてきた殻を破って、三集落共同で何かをすれば、人材も資源もあるし、面白いことができるかもしれない。アンケートにも、ミニ白神でおにぎりや総菜を売る、イベントをやるなど、色々なアイディアが盛り込まれていた。

そこで、何かを売ることを目標にして、食の開発を行うことにし、まずは弘前大学の学生にモニターになってもらってツアーを行い、意見をもらおうということになった。

このモニターツアー開催に向けて、まずは「深谷地区活性化委員会」を立ち上げ、その上で開催費の捻出（町会費と三町会長からの寄付）、そしてツアーに向けての準備の話し合いが何度も行われた。そして二〇〇八年一〇月四日、「ミニ白神と栗ひろい、地域食材を楽しむ」モニターツアーが行われたのである。弘大生は総勢一六名。外国人留学生も交え

写真4　モニターツアー。ミニ白神の案内（2008年）

た多様な顔ぶれが揃った。またＮＰＯ法人白神共生機構からも手伝いが駆けつけ、行政・大学・市民の集うイベントとなった。

地元のガイドによるミニ白神の案内、各集落の見学、深谷集落での栗拾いを経て、昼食には地元の食材をそろえ、腕によりをかけた料理が出された。白神源流米のおむすび、ヒラタケとサモダシの汁物、焼きシイタケ、山菜の漬け物各種、そして栗料理など。そもそも山間地のこのあたりの作物は、米はおいしく、山菜は豊富で味も良く、そして何より旬のキノコ類は、歯触りもよく味も濃厚で、かつ女性部の人たちの漬け方、味付けの仕方が絶妙で、先に「これならうちでもできる」と言っていたのがよく分かる内容だった。

食事のあと、長い時間をかけた意見交流が行われた。盛りだくさんで、一つ一つを切り離しても、お金を払い、満足できる内容だということ、反省点もあったがあとは洗練させていくだけだということを確認した。

ツアー参加者にとってのハイライトは、最後のお別れの瞬間であった。バスが深谷集会所を離れる際に、参加者総動員で手を振って見送ったのが大きな感動を生んだ。モニターとして集まった学生たちには、迎えに来た車の中での案内から、夕方のお別れまで、深谷地区の豊かさを満喫できる有意義な会となった。弘前市が現在一九万人の地方中都市と言っても、やはり都会の暮らしであることと比較して、小さな集落の気持ちの良い人間関係に、参加者は心を洗われて家路についたのである。

5　取り組みから導き出されたこと

†メディアの反応

その後、活性化委員会での反省会を経て、次の事業を描こうとしていたのだが、そうした動きに呼応するように、メディアも反応し始めていった。ツアーの取材はすぐに記事となり、県内でも大きな反響を生んだ。さらに、この深谷の動きをともに応援し、そこから、青森県内の過疎集落の再生をみんなで支えていく気運をつくろうと、二〇〇九年より、弘前大学社会学研究室と東奥日報との共同連載「ここに生きる」がスタートすることになる。

一月一日の予告記事では深谷のモニターツアーの様子が大きく取り上げられた。

連載は、全六部の構成で、県内外の過疎地の状況、限界集落論の問題点について詳しく解説が行われたが、なかでも中心になったのが深谷地区を追う企画であった。この連載が続いた一年間、深谷は県内のメディアに再三登場し、ある種の成功事例のような意味合いを持つこととなった。

とはいえ、実は、活性化委員会が行いえた事業は、いまの時点ではここまでであり、モニターツアーからの本ツアーの実現は見ないまま、数年のときが過ぎてしまったのである。むろん何回か話し合いはあるのだが、結局、小さい地域なので、何かが起きると手がまわらなくなる。なかでも葬式がいくつか続いたため、葬儀があればイベントができないから、ずるずるとときが過ぎてしまう。メディアでの露出に比べると、実態は、成功とは言い難いケースだったのである。

しかし、これが失敗事例かと言えば、実はそれどころではない、結果としてみれば半ば成功と言える状況もその背後で生じていたのである。二〇一〇年、久しぶりに社会学研究室の調査で鰺ヶ沢町を訪れると、朗報が届く。なんでも、この年、深谷地区で三組もの結婚があったらしい。子供も生まれるという。いずれも細ヶ平の人たちで、すべて嫁取りであった。人口はこうして全体としては増えたわけだ。それどころか願っていた新しい同胞の誕生まで実現しつつある。

「やっぱりなにか感じているんだべ」。誰かが言った。表向きの事業の停滞とは裏腹に、活性化委員会の人々の努力、役場・大学・メディアの応援は、着実に若い人々に届いていたのである。

†安定の根拠としてのむらと家族

もちろん、ここで展開した一連の事業と、その後に生じた人口増との関連性をはっきりとした形で示すことはできない。しかし、この例を通じてよく分かることは、結局は事業の直接の成功不成功などではなく、地域住民の気持ちのあり方、やる気なのであり、今後も力を合わせてその地域を良くしていこうという、そこに暮らす人々みんなの生きる意志をお互いに確認できたことがまず第一に重要なのである。そしてその成果の象徴が、若い人の結婚であり、子供の出生なのであった。最大の成果は何より、家族に現れる。

最後に、以上の事例を整理して、以下に続く章への橋渡しをしよう。本章の最初に、集落再生のプログラムを考えるに当たって、留意すべき二つの点があることについてふれた。その第一点目は、過疎集落と呼ばれていても、しばしばそれはきわめて健全な状態にあること、その根拠は何に基づいているのか、というものであった。

一連の記述を読んでいただければお分かりだろうが、この地域は、戦国期から江戸時代初期にかけての生成以来、ともかくここにずっと変わることなく息づいてきた。外部経済や体制変動との関係が全くないわけではないが、ここの暮らしは、周りの土地や山・沢、自然を利用して、これまで途切れることのないものだった。ここに生きることの安心感、ここの暮らしを基準にしてものを考える道理。ここが一番だという誇り。山村はとくにそうしたものが豊富なところである。それゆえ、開村から炭焼のむらへ、そしてリンゴ経営や出稼ぎなどを経て、大きな変遷を経ながらも、平成期の住民参加型バスの成功まで、この地の暮らしを守ることについて人々にブレは見られず、「ここに生きる哲学」は一貫してきた。

そしてこの「ここに生きる哲学」はどうも、いまや見えにくくなっているとはいえ、世代を超えて、現在にも受け継がれているようなのである。そしてその受け渡しの場は、どうも家族にあるようだ。家族の中に、むらの暮らしの健全さの根拠はあり、その探求こそが我々過疎問題を考える者が目指すべき目標なのではないか。

過疎問題は、まず第一には人口問題である。そしてその人口問題の原点は、家族にある。家族こそが人を生み育てる場だ。家族から見る過疎問題。次の第5章ではこのことを深く掘り下げてみたい。そこから、限界集落問題の本質のさらなる解明とともに、集落消滅というリスクからの脱出の道筋を探求していこう。

†集落こそ再生の起点

第二点目は、集落再生のプログラムを、何を起点に描くべきかという問題であった。すでに過疎集落の健全性を確認したいま、我々は当然のことながら、集落を再生の起点にし、出発点にすべきである。集落再生のプログラムは、集落発で始まり、集落着で終わる、そうしたものとして描かれる必要がある。

これまでの過疎対策は、どこかで「本人たちに任せても何もできないし、結果も出ない」という思い込みがつきまとってきたように思う。しかし、暮らしがよく分かっているのは本人たちであり、どこに手をかければ人間の動員が起きるのか（あるいは起きないのか）を一番知っているのも本人たちである。集落再生は、起点としての集落という契機を抜きにはありえないはずだ。ここで見た深谷の例などは、これまでの政策立案者から見れば、「モニターツアーをしながら、本ツアーもできていないなど何の意味もない」ことになるのかもしれない。しかし、ここに暮らす人々が、自分自身や周りの人々の大切さにあらためて気づいたことだけで、再生の起点づくりは成功したと言ってよいはずなのだ。これを機に、今後みなが色々と考え、必要なときにまたしっかりと集まって動ければよい。

とはいえ、この深谷地区の事例は、すでに一度、三集落で住民参加型バスを開通させたことなど、「みんなでやれば、むらは良くなる」実感を共有している地域だからこそだ、とも言える。多くの地域では、むらの主体性はむしろ、平成期の公共事業全盛の中で大きく削がれてきたのが実情だ。「起点としての集落」をいま一度再生するには、何らかの工夫が必要となる。

そのためにも、問題になっている当該の集落だけでなく、それを越えた集落間の連携や、様々な主体のパートナーシップ、都市との関係性なども、射程に入れる必要があるように思われる。深谷の事例でさえやはり、中心都市・弘前の大学や市民活動との関わりが重要だったのであり、また行政やマスコミの強い後押しが、人々の動員の背景にあるのは間違いないからだ。再生への資源は集落の外にもあり、それを有効に活用することにも目を向ける必要がある。再生への道筋は、むらの中だけでなく、その外にも様々な主体が形成され、つながることによってつけられていくはずだからだ。

社会　2009年（平成21年）3月2日　月曜日　（18）

ここに生きる

あおもり09 ふるさと再考

第1部 鯵ケ沢・深谷の模索 8 転機

活性化委員会が始動

鯵ケ沢町の深谷地区にはかって、深谷小学校があり、黒森・細ケ平両集落の子どもが通っていた。細ケ平の工藤幸夫町会長（六六）は「昔は七十人ほど児童がいた」と話す。しかし今、中学生以下の子どもは深谷地区全体で十五人ほどしかいない。深谷町会長を務める滝吉和俊さんの孫・朱音（あかね）さん（一三）はその一人。鯵ケ沢第二中の一年生だ。

【2面参照】

「将来の夢はまだはっきりしていない。深谷はとてもいい所だと思う」と朱音さん。スクールバスで通学する傍ら、部活のテニス、書道や珠算の塾通いに多忙な日々を送る。

子どもたちにどんな郷土と未来を残すか。深谷地区の人々は模索を続けてきた。

黒森集落は二〇〇一年、県の景観づくり事業の認定を受けて、ヒマワリの植栽や、集落内にある「殿さまの井戸」整備を行った。「この時、全戸の屋根を青で統一したら、その後にできた建物も皆、青い屋根に。集落がまとまるきっかけになった」と山田衛・町会長は振り返る。集落の人々は今も毎年、数百本のヒマワリを道路沿いに植えている。

翌〇二年には深谷集落がこの事業に手を挙げた。イワナやホタルがすむ里づくりを目指して、花壇や案内看板を整備し、集落を流れる沼ノ沢川に二千匹のイワナを放流した。

「山田さんに『あんたたちも負けずに頑張れ』と激励された。よーし、やってやろうかと思った」。深谷集落の若手リーダー格、滝吉栄さん（四八）は語る。

◇

やがて〇七年、地域活性化の取り組みが動き始めた。

人口減少や高齢化に危機感を強めた深谷地区の町会長らは、町役場と協議を重ねていた。一方、弘前大学人文学部の山下祐介准教授は、一九九三年に深谷地区で運行を始めた住民参加型路線バスの検証を行い、「このままでは地区の将来そのものが危うい」という結論に至った。

学生招き魅力を探る

青い屋根で統一された黒森集落

鯵ケ沢町と弘前大学は〇五年、地域連携事業の協定を締結していた。山下准教授と町役場の担当課長は、三町会長らとともに、山村の維持に取り組んでいる先進事例を視察するため、岩手県にも出向いた。さらに、深谷地区の全世帯と、集落を出て働いている人を対象にアンケートを実施して、年齢構成や人々の胸の内を探った。

「自然に恵まれ、水と山菜がおいしい」「やはり仕事がないと大変」「外の人に、白神山地の自然に触れてもらえばよいのでは」「地場産品の販売が有望ではないか」ー。

さまざまな声が出た。手応えを感じた町と山下准教授は、三町内会と協議を重ね、〇八年八月、住民代表らによる「深谷地区活性化委員会」の発足にこぎつけた。委員長には深谷町会長の滝吉さんが就任し、町職員と弘大生らも名を連ねた。

同年十月、活性化委員会は初の事業として、弘大生約二十人を招き、深谷の魅力を探ってもらうモニターツアーを行った。

◇

会場は、町が黒森集落近くに整備したブナ林散策ゾーン「ミニ白神」。学生らは住民の案内で樹齢二百年のブナ林を歩き、クリ拾いを楽しみ、山菜料理に舌鼓を打った。「若い人が山菜料理をおいしそうに食べる」「自然に魅力を感じてくれる」。深谷地区の人々は驚き、喜びと希望を抱いた。

東奥日報の連載「ここに生きる」の2009年3月2日掲載分。
集落再生を後押しする世論づくりの試み。

1　通う長男たち

†戻るつもりの子供たち

過疎地域に暮らすお年寄りたちは決して孤独ではない。むしろ、その子供たちはもとの集落からほどよい距離にいて、頻繁に通っており、また後々には帰るつもりにしていることが多い。ふるさとから遠くに出て行ってしまった子供ですら、決して帰還をあきらめているわけではない。

こうした点を「他出子」の問題として早くから指摘してきたのが、徳野貞雄氏（熊本大学教授）である。徳野氏の議論は本書の論理の大きな導きの糸となっているが、その内容は第6章で紹介するとして、この第5章では、過疎集落から都市に出た人々の動向を追いながら、そこに含まれている日本社会の大きな構造変動を読み解き、家族の視点から過疎問題をとらえ直してみることにしたい。

そこで考えたいのは、前章で見た深谷のアンケートで浮かび上がっていた論点である。

深谷の外で暮らす、深谷出身の人たちの中には戻るつもりだという人も何人かいた。そうした人々は、いまどういう状況にあるのだろうか。深谷の外にいる深谷の人たちに会いに行ってみよう。筆者の提案に、当時連載が始まっていた東奥日報の特集担当の櫛引素夫記者も賛同し、一緒に取材に出かけることに。深谷出身の三名の方のポートレートからこの章を始めよう。

†毎週のように帰って米づくり

西津軽の中心都市・五所川原《ごしょがわら》市に住む山田方《ただし》さん（五〇歳、当時）は、深谷地区最奥の集落、黒森の出身である。父は町会長の山田衛氏。三人兄弟の長男で、同市にある食品卸会社に勤めている。方さんは、ほぼ毎週末、黒森に帰っている。きっかけは母親の調子が悪くなったこと。父親もつとめが忙しいため、休みの日には自分が帰って田畑をやるようになった。忙しいときには自分の家族も連れてくる。

自宅のある五所川原市から黒森まで約一時間半かかるが、むしろ楽しく息抜きのようにやっているという。できれば自分は黒森に戻りたいと考えている。ただし、家族との関係でどういう選択肢になるかは今後次第だという。

方さんの話を聞いていると、計一一戸のうち、五戸が一人暮らしを含む高齢者（六五歳以上）のみ世帯の黒森集落で、いまとくに地域の生活問題に支障が出ない理由がよく分かる。お年寄りのみという家も、みな長男や子供たちが近くにいて、毎週のように通っている。町内の仕事も彼らが出ている。人手そのものは困っているわけではない。

方さんも、若いときは帰るようなことはなかった。しかし親の加齢に伴って、自宅との距離を近年再び縮めているのである。とはいえそれは、何年も前から予感していたものでもあった。例えば都市で家を購入する際、ふるさとに近い郊外に求めるのもそのためで、できるだけ、仕事場とふるさととの中間点に、自分の居場所を置くようにしている。郊外住宅団地に多くの人が住みたがる理由も、ただ土地が安いからということだけではない。そこには家族やふるさとの事情が深く関係しているのである。

だが、方さんは、気になることもつぶやいた。「親はだんだん年をとっていく。逆になることはない」。ふるさとに戻れるよう準備はしているが、それがいつになるか。タイミングによっては実現しない可能性もある。

†ふるさとに片足を残した生活

北津軽郡つがる市（旧木造町《きづくりまち》）に住む工藤節夫さん（五七歳、当時）の趣味は狩猟だ。細ヶ平出身の節夫さんは、山に猟に出かけては細ヶ平の母親のところに顔を出す。それも毎週のようにだ。

白神山地はかつて、伝統的狩猟者・マタギの代表的な熊の狩場で、深谷地区を含む旧赤石村には、かつて熊猟を行う大きな集団があり、藩政時代には御用マタギもいた。深谷地区にも猟銃を持って歩き回る趣味を持つ人が大勢いて、節夫さんもその一人だ。

八人きょうだいで、やはり長男である。木造町にある建設会社に就職したときに、この木造に出てきた。現在は鰺ヶ沢町の会社に勤めているという。きょうだいのほとんどが関東に出て行ったが、自分は長男だからということで、県内にとどまった。細ヶ平の田んぼは、父が亡くなって人に貸し、いまは母が自給用の畑をやっているだけである。いつかは帰るつもりが、家族ができ、木造に家を建てたので、いまは母を呼び寄せようかと考えている。

先の方さんと比べると、少し年上なだけに、長男としてのはっきりとした家継承意識があって青森に残っているのは確かだ。しかしまた、もはやふるさとに住むことをあきらめている点は、これも年齢が上だからだといえるだろう。タイミングを逃したのである。

しかし、集落と全く縁がなくなる人でもないことには注意が必要だ。「縁は切らない」という節夫さん。もし母を引き取っても、古くなった母屋をただ壊すのではなく、新しく平屋でも建てたいと思っている。すでに新しい車庫は建てており、この先も細ヶ平を生活の軸の一つにするのは間違いない。集落の冠婚葬祭のみならず、草刈りや清掃などの共同作業にもいつも顔を出している。平場《ひらば》の町に生活していながら、山の暮らしを満喫する。山の人は、平地に住んでも山から離れられないのだろう。

†戻るつもりでふるさとに新宅を建てる

青森市に住む滝吉弘道さん（六〇歳、当時）のケースは、またさらに興味深いものであった。弘道さんは奥さんも同じ深谷の出身で、夫婦そろっての深谷からの他出者だ。弘道さんの仕事はデザイン関係で、青森市の会社に勤めたのち、いまは独立している。彼もまた長男だ。四人兄妹で、彼と、二人目の妹のみが県内に残った。

この夫婦もまた、毎週のように深谷に帰る。自動車で一時間半ほど。すでに田んぼはやめており、ただ実家に戻るだけの生活だ。すでに二人の娘はカナダと仙台に嫁いでおり、夫婦と三女だけの生活ということもあるのだろう。

興味深いのは、弘道さん夫婦の場合、はっきりと計画的に帰る予定を立てて行動していることだ。我々が話をうかがった弘道さんの自宅は、青森市郊外の県営住宅の一室であった。デザインの仕事もできるようにと仕事道具も置いている。明らかに狭いが、深谷にもう一つ家があるのだ。弘道さんは近年、深谷の家を建て替えた。だから青森の家にお金をかけずにいるのだろう。弘道さんの仕事場には、その家の模型も置いてある。深谷の中でもとくに大きな家だ。将来はこの家に戻って住むつもりであり、深谷の家が本宅で、青森の県営住宅の方に仕事に出てきているという感じなのだろう。「せめてインターネットの環境が整っていれば、深谷でも仕事ができるのに」とは、偽らざる本音と見る。そのインターネット環境も、ついに近年実現した。

†見落とされている集落外の集落構成員

このように、ふるさとを離れた人々のすべてが、完全にふるさとと縁を切っているわけでない。ここではふるさとに近いところに住む長男の事例を取り上げたが、この他にも、たとえ遠くに住んでいても盆と正月は帰ってくるし、いつもふるさとを思っている多くの人たちがいる。そして近くに住む人々の中には、毎週のように通い、生活の場を都会とふるさとの両方に置いている人もいて、それどころか戻る準備さえしている人もいるわけだ。

このことは村の人たちはみな知っていることだが、その重要な意味にふだんは気がついていない。だから部外者が指摘して初めてそうかと思い当たるのである。

むろん帰還にはタイミングも重要であり、簡単ではないのは確かだ。だがいずれにせよ、家族の視点から見ると、過疎問題は全く違った様相を帯びてくる。次に、農村家族に何が生じてきたのか、やや長いスパンでその過去を振り返り、考えてみることにしたい。

2　生活安定機構としてのむら

†家とは何か、むらとは何か

農村の家族は、「家族（family）」である前に、「家《いえ》」である。また、日本の農村も、単なる農村（farm village）ではなく「むら」であり、その「むら」は、家々から成り立っている。では、「家」とは何だろうか。家には大きく分けて二つの側面があるとされている。

家はもちろん、一つには生殖の単位である。人間は必ず人間から生まれ、最後は死んでいくが、それは基本的には家の中で行われる。

しかしながら、家は単なる生殖集団ではない。日本の家は、また、一つの社会的な単位でもある。このことを理解するには、例えば絶家や家の再興について考えるとよい。子胤《こだね》がなくなった主家に、外から養子をもらってその存続を画策するなどという歴史ドラマではお馴染みの話も、家が単なる生殖集団ではないことを示している。大きな災害で絶家となった家を、残った別の家の次三男が名乗り再興するという話も、一九三三（昭和八）年の三陸津波災害のときにはあった。全国的にも、戦後にさえ、そうした事例をいくつも拾うことができる。

家には性格があり、シンボルがあり、さらには家産があり、家長がいて、家の成員は家の掟に縛られ、個人は家に対して決して自由ではない。そして家は一つの信仰集団でもあり、同じ先祖をまつる家系の集団でもあって、個人を超えて、世代を超えて人々が長い時間を共有するためのものでもあった。そしてこのことは、農村家族に限らず、都市家族でも基本は同じであった。

こうした家々が寄り集まって集落をなし、それらが互いに結びついて「むら」を構成する。むらもまた、同じように二つの側面を持つ。一方でそれは、互いの労働力を集め、連携することでその地の環境条件を克服するための社会有機体である。と同時に他方で、むらにも性格があり、シンボルや財産があり、単に生産を共同するだけの集団ではなく、政治集団であり、宗教集団であり、文化集団である。

†人生周期と家族周期

さて、第3章で述べたように、過疎問題は世代間の地域住み分けの問題として、まずは読み解くことができる。それをふまえた上で、家とむらを、世代と人口の面から考えていくことにしよう。人は生まれ、成長し、子供を生み育てたあと、やがて死ぬ。そして新しく生まれてきた子供がまた、次の世代を生み育てていく。これをライフサイクルともいい、人生は個別にはそれぞれ一回きりだが、全体としては同じことの繰り返しである。

この人生周期は、家族周期とも連動しており、夫婦のみの世帯に子供が生まれ育ち、やがてその子が結婚して次の子供が生まれる。この三世代家族から最初の夫婦が亡くなると核家族に戻るわけだが、要するに家族もまた、基本的には繰り返しである。こうした人々・家々で構成されるむらは、総じて見れば、多数の人生周期と家々の周期が折り重なってつくられるものとなる。

ただしその際、家は、家の中に生きる人々に、性別と、出生の順番によって序列をつける。一般に、長男が家督を継ぎ、女性は他家に嫁ぐ。その家に男性が生まれなかった場合、他家から次三男を婿入れして、長女と娶《めあわ》せる。子供がいない場合は、養子をとり、場合によっては夫婦とも養子にする。こうした人のやりとりの中で、次三男は、他家で男の子がいないところに養子に行ったり、婿となってその家の家長となったりする。

九州などには末子が相続するなどの地域もあるが、一人が選ばれて家を継ぐのは同じだ。そして、こういったことをするのは、家が旧態依然としたものだからという前に、家をむやみに分割してしまうと、そこに暮らす成員の生活が脅かされる危険があるからである。一つにしておくことで、安定をつくるのだと理解しておこう。家の分割を避け、むらをそのキャパシティ以上の大きさにしない、というのは、山村などには半世紀くらい前まではは当たり前に働いていた規範であり、「〇戸原則」などという形で分家の戸数制限を設けていたところもあった。

こうした地域の持つキャパシティと、家の数との関係については、町の生活においても似たところがある。通りに面した家の数には当然限りがあるし、また町の仕事にも、競合しないだけのそれぞれの許容限度がある。逆に、仕事に就いていない人がいれば、この町にはこの商売がないからといってやらせることも、かつてはよくあった。むらも町も、根元のところでは、人々が一緒に安定的に生きていくための装置なのである。

むろんキャパシティの問題とは逆に、必要労働力をまかなうだけの必要戸数という問題もある。共同生活を行うために家々が出せる労働力は、家族周期の段階によってそれぞれ違うから、その意味でも家々の助け合いは必須であった。それゆえ自立・自活できる条件さえ整えば、家が外から入ってくることも可能であり、いったん認められれば、そうした家にも他家と同様に、そこで暮らすのに必要な権利が与えられた。その集団の中だけの論理で動いている閉鎖的な人間関係の状態を指して「むら」と呼び、今回の震災では「原子力ムラ」などという言い方もなされているが、むらは必ずしも閉鎖的ではない。この使用法には、地方への蔑視も入り込んでいるようなので、避けた方が良いかもしれない。

†近世の人口安定機構

さて、このように、戸数の増減に制約のあるむらの状況というものを考えた場合、人口との関係でそこにはどのような問題が起きてくるだろうか。

各家々の子供の数がちょうど二人である限り、お互いの関係は調和する。生まれてきた子は確率的に男女半々だとすれば、みなどこかの家長か、家長の嫁となる。人口は増えないし、安定する。むろん、婚姻はむらの中だけではなく、外とも行われるが、全体としてバランスがとれていればよい。

かつては乳幼児の死亡率が高く、また大人も必ずしも老齢まで生きなかったから、現実にはもっと多くの子供がいなければ、むらの成員数は安定しない。多産に対する多死の総合的結果によって、全体の人口量が保たれる理論的数が、一夫婦に二人だということである。しかし、もし最終的に大人になる子供の数が、二人よりも多かったり、あるいは少なかったりすると、むらは不安定になる。多ければ人口増、少なければ人口減だが、現実には人口増の圧力の方が高かったと考えられている。

ところで、これまでの日本の歴史を振り返ると、人口増加の時期と、人口の安定期とを何度か繰り返してきたと言われている。そのうち、一番近い人口安定期が江戸時代の中期であり、その後幕末から現在まではずっと人口増加期にあった。そして、二〇〇〇年代初頭に至って、この一五〇年ほど続いてきた人口増加がついにストップし（二〇一〇年国勢調査で人口減少が正式発表された）、今後は減少に転じるとされている。このうちまず江戸中期の人口安定期だが、戦国期から江戸時代初期にかけて、約三〇〇〇万人にまで増加した日本の人口は、江戸時代中期においては、幕末の人口増加の再来まで、大きな変動なく一定していたとされている。ではその安定性はどのように保たれていたのだろうか。

一般に歴史学では、人口安定の理由として、多産に対する多死で説明することが多い。夫婦に子は多数できるが、その多くが死ぬ。その死ぬ要因として、ヨーロッパでは戦争や飢渇、伝染病その他の災害があげられてきた。日本の場合、こうしたものと並行して、しばしば問題にされてきたのが「間引き」である。ただし間引きについては、頻繁にあったとする常識的な説明に対し、飢渇時の緊急事態回避手段と見る見方も説得的であり、必ずしも専門家の議論は一致していない。

いずれにしても、直接的な死が人口安定化につながっていた、というわけだが、こうした説明に対して、間接的な調整機構も考えられている。それは都市に行くことであった。

むらであふれた人口は都市に向かい、そこで消費される。都市は平均寿命が低く、一時的に糊口はしのげるが、結婚し子供を産むまで生きていることが少ない。そのためつねに人口不足であり、周辺からの人口供給を必要としていたのだと言われている。これなどは、多死による人口増加抑制だけでなく、都市人口の未婚化や出生数の低下などとあいまって、少産による人口増加抑制を暗示していて興味深い。

どの説が有効かはともかく、こうして全体として人口量が一定に保たれているのであれば、それで一応、安定となる。人口が減ったときも、もともとの余剰分が順にその穴を埋め、やがて同じ量に回復していく。

†人口許容量が拡大するとき

とはいえむらむらでは、こうした状況の中で、ただ決められた人口－家のキャパシティを忠実に守るだけでなく、技術革新を進め、耕地を広げることで収量を上げ、むらが養えるキャパシティが増えるよう努力するものでもある。そして毎年の繰り返しの学習と、努力の蓄積が、それを実際に可能にし、人口増大、家の新興が徐々に進むことになる。

もっとも、こうした家々の努力で増える人口量にも限りがあり、あくまで漸増だから、これだけで大きな変化につながることはない。しかしここに、むらの外で展開する経済の発展が絡まってくると、むらの中の自給部分と、むらの外との経済活動の組み合わせが変わり、村に滞留可能な人口・家数も大きく変化してくることになる。おそらく江戸時代後期から生じてくるこの社会変動が、現在まで続くむらの大きな変化に直接結びついてきたものだ。

むろん江戸時代の経済そのものが、それまでの経済とは一線を画し、全国規模、世界規模で広がっていて――すでに世界は大航海時代に入っている――村の経済にも大きな影響を及ぼし始めている。例えば山村で、薪炭生産や用材、養蚕、楮《こうぞ》や三椏《みつまた》など、食することのできないものを生産してきたのは、それによって米を買うことができたからだ。あるいは漁村でも、漁法の発達に加え、魚の加工・流通の技術が発展し、米と交換できるようになることで、半農半漁ではない漁民だけの漁村も生まれてきた。

それでもなお、江戸時代の鎖国下の一国経済の中ではむらむらの人口キャパシティには限界があった。しかし、明治維新以降に始まる市場経済の確立と世界経済への参入は、近代産業の導入もあって都市人口を増やし、農村部での人口キャパシティもあげていったから、順に人口増大が進んでいくことになる。

それでも、人口量の増大と、人口許容量の増大が、バランスよく展開している分には大きな問題が生じることはない。それに対し、キャパシティを越えた、人口の爆発的増大といった事態が起きると、それまでのバランスが大きく崩れ、むらは大きな問題を抱えることになる。人口は減りすぎても困るが、増えすぎても困る。人口というものもまた、土地や食糧などとともに、むらのあり方を左右する重要な環境要因であるわけだ。

ところで、繰り返すように、人口増大は、次の二つの形でしか生じない。一つは自然増、すなわち生まれてくる人の数が死んでいく人の数よりも多い形であり、もう一つは社会増、出て行く人の数よりも入ってくる人の数が多い形である。

日本のむらが、この二つをたて続けに経験したのが、昭和初期、太平洋戦争の前後だった。この時期までに多産多死は多産少死に切り替わり、急激な自然増加が進む。戦時下では開拓に出たり、兵役で多くの男性が戦地におもむくが、戦争末期には児童疎開に始まり、空襲による都市壊滅、敗戦による引き揚げにより、むらは社会流入の受け皿にもなった。そして戦後、第一次ベビーブームが生じて大きく人口が伸び、このあと急激に少産化が始まって、いわゆる近代の「人口転換」が最終段階に入っていくことになる。

3　近代への人口転換と戦後日本の社会変動

†日本社会の人口転換

日本の「近代」は一般に、明治期以降を指す。確かに人口面で見ても、明治以降の人口増大は顕著である。しかし、爆発と言えるほどの大きな変化は、とくに戦中戦後に起こったものであり、昭和初期は大転換期であった。

一般に、近代社会への人口転換は、多産多死から多産少死へ、そして少産少死へ移行して完成すると説明されている。その変化の中間に当たり、過渡期となる多産少死状態の、最後のピークは戦後直後に訪れた。

周知の通り、戦後ベビーブームが日本の出生数のピークであり、有史以来最も多くの日本人が生まれた年が戦後の数年ということになる。もっとも、人口爆発はこの数年のみならず、そのピークをつくった親たち、大正期から昭和一桁生まれの世代が、実はすでに人口爆発の先導者であった。

この世代ですでに、きょうだいの数が多く、昭和一桁生まれ世代に家族調査を行うと、中には一〇人兄弟などというような人もいて、しかもそのすべてが大人になっていたりする。おそらく、その親世代（明治生まれ）が、多産多死を前提にしてそれまで通りの出産を行ったところ、結局は少死に終わってしまったため、すべてが成長してしまったということであろう。こうしたことが起きるのは、公衆衛生や保健医療が行き届き始めた効果を想定できるとともに、もっとも考えられるのは、技術革新と市場経済の拡大により、むらの暮らし向きが良くなり、栄養状態が急激に改善されたことである。この後に産児制限が導入されて、少産化が進行し、やがて社会は少産少死で落ち着くことになる。

むろん、出生数が減っても、死ぬ方の数も減っていくわけだから、ベビーブームが終息したのちも、自然増減はしばらくプラスのまま推移する。しかし、戦中から、戦後直後生まれが成長して大人になり、むらを出て行く時期になると、ここでむらの人口が急激に減少を始めることになる。それが一九六〇年の前後である。中学校を卒業するのに一五年かかるとすれば、戦後直後の生まれがこのあたりから巣立つことが可能になる計算で、一九五〇年代末が多くの地域の人口ピークになるのは、ここに転換点があるからである。

そして戦後生まれが結婚し、子供を産み始めるときには、第二次ベビーブームが始まるが、そのときまでに、戦後生まれの排出が過剰に進んだ地域では、第二次ベビーブームはなく、この時期も人口減少が進んだ（第3章のΛ型）。また、多少とも増加したところも、すでに産児制限は働いているので、以前のような過度な人口増大は起きない（同じくM型）。そしてこのときの子供たちが、低成長期生まれ世代として本書でくくった人たちになる。

日本の人口転換はこうして、人口爆発の先導世代としての昭和一桁生まれ世代に始まり、団塊世代＝戦後直後生まれ世代を経て突如爆発が終了。その爆発の余波としての団塊ジュニア世代＝低成長期生まれ世代の形成の中で多産多死から少産少死への移行が確認されて、人口転換は完了に至ることとなる。

†戦後日本の社会変動と人口移動

さて、ここで考えておきたいことは、昭和一桁生まれ世代や団塊世代が経験した、きょうだいや子供の数が多いことは、それまでであれば若くして死んでいたものたちが死なずにすむようになったということを示しているとともに、その親たちにとって、あるいは当人たちにとって、ある面では生きていくのに過酷な条件にもなるということだ。

むろん、子供はある程度育てば、今度は家の労働力になる。子供が小さな大人として働いていたのはごく近年まであったことで、その転換期はやはり、戦後の学制改革においてだろう。昭和一桁生まれまでは戦前の制度で育ったので、農山村では小学校を出ればみな働き手になった。また戦中は若い男性がいないから、子供も重要な労働力だった。これに対し、戦中・戦後生まれは戦後の中学校義務教育の制度で成長するから、その意味でもこの二つの世代は大きく違う人生行路を歩むこととなる。

それはともあれ、子供の数が多ければ、それだけの食を確保しなければならない。負担は当然、その親や兄姉たちにかかってくる。明治生まれは必死になってこの状況を乗り越えようと奮闘した。戦前期の日本経済拡張の秘密の一つは、このあたりにもありそうだ。しかし、本当の問題はさらにその後にある。

成長後もむらに残っていられるのは、単純に考えれば、きょうだいのうち二人である。むろん、経済は大きくなっていくので、世帯数もこの時期、農山村でも大きく増大する。しかしむらのキャパシティが増えたと言っても分家にはむろん限度があるから、すべてのきょうだいが残れるわけではない。

とりうる手段は、むろん、一つしかない。人口の一部をむらの外に出すことである。とはいえ、外に出すにしても、量が多ければそれだけの受け皿が用意されていなければならない。海外では都市に必要以上に人口が流入して過剰都市化が生じ、住宅難や貧困など様々な問題が生じている例があるが、日本社会の戦後の変動を考えたとき、ここで三つの事実がパラレルに進行したことが非常に大きかったことになる。

まず第一に、いま見たようなむらにおける大量の人口増産があったこと。そしてその排出可能性が最も増大するのが一九六〇年代であった。

他方で第二に、この同じ時期に、太平洋ベルト地帯を中心として、都市部における産業・経済が急速に発展した。むらにおける人口増と、工業・商業・サービス産業の拡大とがかみ合い、むらから、地方から、労働者として——また消費者としても——大量に都市部へと人口流入が始まることで次々と正の連鎖が生じ、高度経済成長が実現していった。「民族大移動」とも呼ばれた、いままで体験したことのない、この大量の人口移動は、その後の日本社会に生じた変化の基礎となる。

ところでここで興味深いのは、むらからの人口排出と、都市における経済拡大の背後で、さらにもう一つ重要な事実が進行していたことである。第三に、同じ時期、日本社会の本来の基礎的産業であった農林漁業の形もまた大きく転換していた。

例えば農業では、ダムや用水・揚水などに近代的な土木技術が導入されて、水利や土地利用の改良・高度化が大規模に行われ、農業をめぐる条件が変わっていった。いままで農地でなかったところまで農地にすることができるようになり、水も確保され、水田への転換が次々と可能になる。また農機具の機械化が進み、化学肥料や農薬の使用が一般化する。いわば農業の科学化・合理化が進行するわけである。

このことで収量はあがっていくが、生産するためのコストも高くなる。ただし作業は合理化されるので、農業に必要な労働力、労働時間は少なくなる。そこでこの時間を都市労働へと振り向けて、兼業化や出稼ぎによって家計を補う形へとシフトが始まるわけだが、また同時期、自動車用道路が次々と敷設され、公共交通網も整備されて、都市と農村、地方と中央の距離は一気に縮まり、兼業化の条件も整っていく。

むろん、商品経済は大きくなっているので、果樹や野菜など消費作物に特化できたところは専業経営も可能となる。こうして、農業を続けていくために、現金収入を得るための兼業化か、あるいは特定商品をつくるための完全専業化が必要となり、またそれが実現されていったのもこの時期である。そしてこうした近代的な技術の導入による専業・兼業の分化は、形は異なるが、漁業や林業の分野でも同様に起こっていた。

†家から見る戦後の大変動

以上のような展開の下で、戦後の日本社会に何が生じていたのかを、むらの中の家という視点から描いてみよう。

戦後、むらはふくれあがった人口を抱えて、いままでにないほどの過密を経験した。その人口を養うため、開発できるところは開発して、生産量を増大させ、家々の独立を実現していく。しかしそれでも人口過剰が続いた。農地は増えたが、特殊な産地形成を果たしたところでさえ、人手は余るようになる。生まれて来る人々は順に成長しながら、農村部にとどまることなく、都市部に出て行くことで、自分の働く場、生活の場を求めていく。

だが、みなが行くわけではない。長男は基本的に残ろうとする。あるいはむらの外には出るが、ほどほどの距離のところにある都市に仕事を得て、いつでも戻ることができるようにはしてある。女性はみな婚姻で出て行くが、やはり近くに嫁ぐ人もいる。安定的な状況が築けるだけの人数はちゃんと周りに確保してあるわけである。そしてその上で、それ以上の人数は、自分自身で食い扶持を稼ぐため、遠く都会へと旅立っていった。そしてこうした一連の家族の変化は、それを可能にした日本社会の大きな変化――戦後の高等教育の確立や、急速な戦災復興・太平洋ベルト地帯の復旧・発展など――があってのことでもあった。

むろんこの時期、第2章でも見たように、過剰なまでに排出を経験したところでは、都市への過度な人口吸収が挙家離村を生み、廃村するところもあった（第一次過疎）。またこの間、ダム移転や道路移転で消滅した地域もあるし、あるいは都市部周辺では、都市の拡大の中、郊外住宅地に吸収されるところもあらわれる。が、とりあえず、全体としてはその後、低成長期を迎えて状況は安定し、落ち着くこととなる。

†家とむらをめぐる三種類の生き方

こうしてむらむらは、家という面から見ても、過剰な人口増加を乗り越えて、一九五〇～六〇年代の日本社会全体の急激な変化に対応しながら――見方によってはその変化を引き起こす原動力にもなりながら――七〇年代の低成長期までを乗り切ったことになる。

さてここには、三種類の生き方が登場していることに注意しよう。まず①家に残って家・むらを守り続ける人がいる。他方で、②むらからは出て行くが近くにいて支える人がいる。これら、むらの周辺にとどまり続ける人々に対して、③むらから遠く離れることで迷惑をかけずに生きる人もいた。こうした三種類の生き方を、人々は各自それぞれに引き受け、大きな時代変化の中で迎えた家の危機・むらの危機を乗り越えようとしたわけだ。

そしてそれは見事に成功した。この三種の生き方が、親子孫に当たる三世代の物語のうちに描けることは、第3章でも論じた通りだ。ここでも東北地方を念頭に説明すればこういうことである。

すなわち、①戦前生まれの親たちは先祖伝来の土地を使って、家産を減じることなく、その恩恵にあやかってこの地で暮らしていく。若いときはちょっとした稼ぎや、場合によっては遠隔地への出稼ぎ、あるいは年取ってからは年金などが補塡してくれるので、そこそこの暮らしなら、つつがなくやっていける。また、農林漁業も機械化等が進み、かつてのような重労働でもなくなったので、年をとっても続けることができる。

他方で、②戦後生まれの子供たちは都会に出て、都市的な職業に就き、学校で得た知識を生かしながら、新しい世代を生み育てる。その際、しばしばとられた戦略は、長男は地元に残るか、さもなければ何かあればすぐに駆けつけられるぐらいの範囲の都市に仕事を持つことである。

③しかし、次三男は、もはや帰ってこられる当てはないので、自分たちで家を興すつもりで関東をはじめ、太平洋ベルト地帯を中心に遠くへと旅立っていった。実際に向こうで成功して会社を興したり、あるいは有名企業の幹部になったりした人もいる。

女性には働きに出てそのまま向こうで結婚して家庭を持ったものもいれば、ふるさとに縁があって戻ってきて嫁いだ人もいる。男の子供がいない場合には、しばしば長女が嫁いだ後も近くに住んで、親の面倒を見ているということもある。

そしてこの先を付け加えるなら、②や③の子、①の孫世代に当たる④低成長期生まれ世代はしばしば、都会（太平洋ベルト地帯であれ、近隣の都市であれ）で生まれ、都会の生活様式を身につけている。

こうして戦後日本の大きな社会変動に適応する形で、第3章で提示しておいたような、世代間の地域住み分けを媒介にして、広域にひろがる家族ができあがるわけだ。経済の進展により、戦後五〇年をかけて日本は一つの社会になったが、マクロ（政治、経済、文化）にそうなっただけでなく、ミクロ（家族、人間関係）にも日本は一つの社会になったのである。つまり、戦後の社会変動は、人間の面で見れば戦時中の翼賛体制以上に、本当に日本が一つになる過程だった。それまでは、山村など交通条件の悪い場所だと、むらの人にはむらの中しか知らない人もいた。いまや、日本の様々な場所にみながつながりを持ち、それどころか、世界にさえつながり始めている。

戦後日本社会の変動の内実はこうして、世代と家族の視点から説明できる。もともとは小さな藩の集合体だった我が国は、明治維新以降、中でも戦後の数十年を経て一つの国として真に一体化していく。それは家族の側から見て、とくにそう言えるのである。

†サイクルは続くか

第3章でも説いたように、ここまでは非常に合理的なプロセスなのである。ここには破壊も崩壊もない。むしろ社会の大きな変化に対する人々の側の適応がある。

しかし、問題はこの後である。このやり方では、もとのむらに、むらを引き継ぐべき次の世代、新しい子供たちを生む年齢の人たちが残らないこととなる。

人は死ぬ。必ず死ぬので、次に誰かが生まれてこなければ、その社会は終わりになる。見事に適応を行ってきたつもりが、いつのまにか、安定のサイクルが切れてしまったかもしれないのである。サイクルの断絶は、むらを担う成員が長生きし、安定的にそこに居続けている間は露呈はしない。しかし、その長生きにも限界があるから、どこかで一線を越える段階がくることになる。

その段階はいつか。第3章で示したように、世代を軸に分析すれば、それは昭和一桁生まれ世代が平均寿命を超え始める二〇一〇年代になる。

とはいえ、それは必ずしも破滅を意味するわけでもない。上記の家族変容の過程の中にすでに、家やむらのサイクルを新たな形で再生する道筋は暗示されている。別に誰に命じられたのでもなく、人々は次の事態に備えて準備はしてきた。広域に広がる家族が用意してきたその準備について、次に確かめておこう。

4 広域に広がる家族

†人々が準備してきたこと

過疎集落の問題を考える場合、我々はしばしば、その地域の現時点での指標だけを眺め、高齢化率の高いのに嘆息し、また平日の昼間、そこに暮らすお年寄りの暮らしにだけふれて、この地域はもう長くないなと結論づけてしまうようだ。

しかしながら、例えば、そうした人々の電話の横に貼ってある、家族や親族の電話番号簿を見ればどうだろうか。都市部に暮らす家族や親族のネットワークと違って、よほど数多くの顔ぶれが並んではいないだろうか。

あるいは初夏の日曜日、田んぼの手入れをする現場に立ち会ったとき、そこにいままで見たことのない家族の姿を見かけないだろうか。さらにはお盆、お正月にむらを訪れてみると、数多くの車が並び、どこにいたかと思うような多くの子供たちが遊ぶ姿を見かけることはないだろうか。

確かにいま、この地で生活している人は、ごく少数のお年寄りだけかもしれない。しかしその息子たち、孫たち、あるいは嫁いでいった娘たちやその配偶者たち、さらにはきょうだいや親戚たち――こうした人々のネットワークをたどったら、きわめて広範囲に、数多くの人々が関係を持っていることを確かめることができるだろう。しかもそのうちの一部の人々――とくに長男や長女たち――は、この地に暮らす親の面倒を見るために、すでに毎週末にでも戻り始めているのである。

こうした親族ネットワークは、何かを目指してつくったとか、あるいは否応なくそうなったというよりは、むしろそれぞれの家族の中で、最も効率のよい結果が生まれるよう様々な戦略が重ねられた中で、自然に編み出されてきたものである。

過疎問題は特定の地域が頑張らなかったので落ち込んだという話ではない。日本社会が一体化していく過程で出てくる、大きな変化のうちに生じた現象である。少し言い過ぎてしまえば、戦後の経済成長という国の発展目標のために人々が力を合わせた結果でもある。もともと状況変化に対する適応なのだから、崩壊には至らないはずだ。筆者はまずはそう考える。外側からの強制や破壊と違って、内側からの変化であれば、崩壊を回避する機構が必ず用意されていると思うからだ。そして実際に、過疎地域の家族構造や村落構造をのぞいてみるなら、そこには必ず人の回帰が仕組まれている。この数十年にわたる一時的な大量排出を経て、その仕組まれたことの一部でも現実に結びつけば、十分に解決可能な問題のように思える。とくにいまは生活を支えるインフラがそろっているので、集落に最低限必要な戸数も、以前と違って多少は少なくて大丈夫だ。

周りを見回せば、実際にそうしている例は事欠かないはずだ。

筆者の知り合いの家族のケースをあげておこう。旧家にいた夫婦のうち夫が高齢のために亡くなった。その妻の世話をしに、子夫婦が都市郊外から移ってくるが、その子夫婦の暮らしていた郊外の家は、ちょうどその子（最初の夫婦の孫）が結婚して所帯を持つことになったのでゆずることにした。この小さな、どこにでもあるような例でも、古い家と新しい家が、家族のサイクルにあわせて上手に利用されているわけで、要するに、二軒に分かれているが、これで一つの家族なのである。

†ふるさとにつなぎとめるもの――家産と扶養

こうして考えていくと、条件不利な過疎地の集落といっても、よくよく調べると、なかには都市から戻っている人がいたり、あるいは都市から通っている人がいたりする道理も容易に想像がつく。それはおかしなことでも、無理なことでもないわけだ。その理由は、基本的に次の二つにある。

まずふるさとには家産がある。農地や山林などの財産、あるいは漁業権などの権利があることがやはり重要だ。逆に、同じ沿岸の漁村でも、漁場に特徴のない集落は人口減少が激しくなるのも分かる。こうした財産や権利は基本的に家単位で長男が受け継ぐことが多いので、長男が地元に残ったり、通ったりする例が多い。

第二に、ふるさとや家につながっていたいという意識、あるいは結びついていなければならないという責務や価値も存在する。集落を離れた人も、気持ちの上では家の一員であり、むらの一員である。共同作業に親が参加できなければ、子供である自分が参加し、責任を果たすべきだと考える。これはとくに、親の扶養や先祖供養に際して最も強く現れるものであって、社会福祉制度が普及する一方で、いまなお、親の面倒は子供が見て当然だと感じ、そのために帰郷を考えている人が少なくない。

この二つの側面、家を通じて受け継ぐ権利や財産と、家やむらに対する責務や愛着といったものは、ちょうどコインの裏表の関係にある。

戦後の民法改正で旧態依然とした家制度は解消された。もともと、長男だけが家産を引き継ぐ旧制度は決して民主的なものとは言えないものだった。当時は人間の平等・権利の意識が強く働いていたから、この民法が示す家は古く、悪しきものに見えたろう。しかし、現在は、守るべき規範も、制度もない。だがそれでもなお、人々は、そのまま自然な慣行として、家族員のうち誰かが親の面倒をみ、また家を引き継ぐ方法を考え実践している。こうした家意識・ふるさと意識が、これまでもずっと残っていたことの結果として、集落は正常に維持されてきたと言える。

†集落再生のカギ――Uターンは実現するか

過疎地の限界集落問題は、家やむらを出ながらも、その家やむらから離れて暮らす人たちが、心の底で「チャンスがあれば帰りたい」と思っていることが、今後どれだけ実現するかにかかっている。それがスムーズに実現するなら、この先二〇年は村は安泰だ。

むろんここからさらに、二〇年先ではなく、例えば五〇年先を考えるなら、まだまだ安定的だとは言えなくはなる。より若い世代をどうやって同じようにこの地域に引きつけることができるのか。年々縮小していく、むらで生まれる子供の数が、持続可能な程度にまで回復するように図っていくのは並大抵のことではない。

とはいえそれでも、まずはいま、帰れる人がいかに帰ってきてこの地の生活を再開できるかが、当面の課題になる。そしてこのことは決して絵空事ではなく、ここで見た小さな事例でも明らかなように、そのような方向に、日本の農山漁村に生きる人々がすでにこの半世紀の間に、無意識のうちに準備してきたものである。

こうして、半世紀の間にむらから排出された人々の再環流が、今後可能になるのかどうか、これが集落再生を占うための最も重大な案件となる。こうした環流がベースとして確立されることで、むらは安定する。そしてそうした安定したむらの人口状態があればこそ、近年の若者たち（昭和末期から平成生まれたち）の農業就労や、都会から離脱する中壮年の帰農といったことが、単なるムードに終わることなく、今後の地域再生の力につながる可能性も見えてくるはずなのである。

ある意味では、こうして戻りたい人がいて、その人たちが戻ればよいだけだとも言える。楽観的に見ればそう見えるし、そうであってほしいと願う。だが、そうとも言えない状況も現れており、なかなか期待通りに進むように思えない現実もある。

一つには、戻るにもタイミングやその条件がそろっている必要がある。それぞれの家族事情や収入・支出の状況はむろん大きな足かせになる。またむらに暮らす親との関係も一律ではなく、微妙なところもある。「親がまだ生きているから戻りにくい」という場合さえある。さらには戻った後の収入の問題もある。悪いことに年金問題の見通しの悪さや二〇〇〇年代の不景気は、色々な形で人々の回帰を大きく阻みつつある。

二つ目には、個別の家族の問題としてだけ見れば、現在では、集落に帰還するよりもむしろ、高齢者の都市家族への引き取りの方が有力な選択肢の一つとなってきていることがある。最終的に、親が病院や施設にお世話になることを考えれば、ふるさとに戻るよりも、都会に呼び寄せた方がよいという考えも成り立つ。また若者の就職難は子の独立時期を遅らせているから、親よりも子を優先させる選択も起こりうる。

そして三つ目に、人々の環流に積極的であるべき地方自治体も、近年の財政難でもはや細かなところに手がかけられなくなっているということがある。それどころか、合併した町村では、行政単位においても帰るべき村や町がなくなり、もとの地域への吸引力が弱くなっているケースもある。平成の合併も結局、地方の暮らしを向上させる結果を生みはせず、かえって合併できなかったところの方が、自治体がある分、まだ将来何かがやれる可能性があるといってもよいくらいだ。とはいえ自治体が残っても、今度は制約が大きくて身動きがとれず、思い切った手が打ちにくくなっている。こうした中で、親元への帰還よりも、親を都市へと呼び寄せるようなことが主流になっていくと、結果として、長らく定住が続いていた地域社会が途切れる可能性がある。

5　限界集落をめぐる世代と地域

†家族と世代から見る限界集落問題

以上をまとめるなら、家族の視点から見る限界集落問題とは、まず次のような問題だということが分かってくる。

すなわち、日本社会の明治以降の近代化の過程の中で、とくに戦前から戦後にかけての昭和の大変動期を、日本の多くのむらは家族の変化——家族の広域拡大化——によって乗り切ろうとした。限界集落問題とは、その結果として生じてきている問題である。

昭和の歴史は経済発展と恐慌、そして戦争から敗戦を経て、戦後の高度経済成長へとつながっていった。その最後にはバブル経済を引き起こしたが、次の平成期はそのバブル経済の崩壊を経て、二〇〇〇年代の行財政改革期まで、暗い時代に突入していくこととなる。それでもこの間、昭和期を通じて構成された新しい家族の体制は、この新しい社会にもうまく適応し続けてきた。

問題は二〇一〇年代にある。昭和から平成にかけてつくり上げられてきた体制が、戦前世代の退出という形でいま大きな転換局面を迎えている。広域に広がる家族は、次の段階に入るべきことを余儀なくされているが、その際の人々の対応のあり方次第で、一部の地域の自然消滅のような最悪の事態が生じる可能性があるかもしれない。これが、限界集落論の提起した真の問題なのであった。

他方で、むらの家族を調べていけば、多くの場合、最悪のことが起きないような準備が着実になされてきたことも分かる。問題は、その準備を確実なものにしていけるかどうかである。家族の視点から見た限界集落論は、ここからさらに、親・子・孫の関係にも置き換わりうる、昭和を代表する三つの世代ごとに、限界集落問題を軟着陸させるための課題を提起できる。

まず第一には、いま集落に残っている人に、いかに長く生活を続けてもらえるか。これはとくに昭和一桁生まれ世代の課題となる（①）。

それに対し、すでに仕事場からの引退が始まっている戦後直後生まれ世代に関しては、その中に含まれる、ふるさとに戻る人の帰還をいかに実現するか。そのタイミングをいかにそろえていくかが課題となる（②）。

さらに、次の世代である低成長期生まれ世代には、一人でも多くの人間が、現在の地方や農山漁村でうまく暮らせる方法がないか、暮らしの観点から具体的にその方法を探ってもらう必要がある。現在となっては暮らすのに色々と条件不利な面が出てきているふるさとで、なおも出生や子育てが実現できるかにまで踏み込んでもらうことになる（③）。

このうち、①が最も簡単である。これに対し、②、③になるほど難しくなっていく。これまでの過疎対策も、①ばかりをやってきたわけだ。むろんそれが無意味だというわけではない。しかし、①しかやっていなければ、早晩終わりが来る。高齢者にばかり目を向けた過疎対策は、明らかに片手落ちであるからだ。

過疎問題は世代間の地域継承の問題である。それは一人一人の人生の問題であるとともに、人口構造の問題でもあり、それを生み出してきた経済や政治の問題でもある。そしてそれはおそらく、この国に支配的な思想や倫理、日本人が今後どういう生き方をするのか、何を大事に思い、何を尊重するのか、そういった価値の問題にもつながっている。

むろん昔にもどれというのではない。安定を新たに取り戻すことが実現すればよい。すでに我々の社会のシステムは、二〇〇〇年代以降も大きく変わってきた。この先も変わっていくだろう。我々は今後もきちんとした適応を行い、暮らしを続けていかねばならない。

集落の課題、都市の課題

ところで限界集落問題をめぐる解決課題は、右のように昭和期日本の主要な三つの世代の課題として整理できるだけでなく、それぞれ、三つの地域社会の課題としても提示することができるものだ。第6章では、次のような地域別の課題整理を念頭に、再生への道筋について考えてみたい。

まず一つは、人口の過疎高齢化が生じてしまっている集落自身に起点をおいて考え、解決していくべき課題がある。

しかしまた第二に、近隣集落や、集落にとって身近な市街地、あるいは都市とともに考えるべき課題もある。そしてしばしば、そこに帰還可能な集落の出身者たちもいる。

第三に、問題の直接的な関係者たちに限らず、日本国民全体の問題として、首都圏を含む大都市部の人々のうちに問題を提起し、その解決を考えていくべき課題もある。

これら三つの課題のうち、取り組みやすいのはやはり、最初の集落自身を対象にした取り組みだ。これに対し、都市圏を含む第二、第三の課題は、見通しの得にくいものとなっている。

というのも、地方においても都市の人はむらの暮らしを知らない。そして首都圏の暮らしの中では、今度は地方の暮らしが見えない。そういう認識の一方的な不可視の構造があるからである。これらの課題を遂行していくためには、この見えない構造を解いて、この国の形がいまどのようなものであるのかについて多くの人々の間で確認していく必要がある。

村落と都市、地方と中央に関わる日本社会の現状の可視化。これがおそらく、この問題の解決への重要な糸口になるだろう。

そして社会状況の可視化という点では、むらの方からは、どんなふうに手をつければ良いのかについて、すでにある程度の答えは出てきている。熊本大学の徳野貞雄氏が、十数年前から提唱し実践してきた「集落点検」と呼ばれる手法がそれである。この手法は考えられている以上にパワフルだ。再生への道筋を探る次章では、この集落点検を紹介し、この手法が持つ意義について詳しく解説してみたい。

これに対し、都市からの、あるいは中央を絡めた集落再生論の構築は非常に難しい。次章後半では、過疎地域の家族を起点にした「集落点検」のプログラムに対応する、都市を巻き込んだ過疎再生プログラムについてもその確立可能性を考えてみる。

ただし、そのプログラム構築の難しさを適切にとらえるためにも、ここでさらにもう一つ大きな問題を指摘しなければならない。それは、バブル期以降——もっと言えばそれ以前から——進行してきたもので、筆者はこれを「主体性の問題」と呼んでおきたい。要するに、過疎集落の再生を行うといっても、では「誰が再生の主体になるのか」という問題である。

誰のための再生なのか。これがおそらく、集落再生論の最も大きな論点となる。このことを考えるためにも、少し遠回りかもしれないが、ここで再び、青森の筆者のフィールドを訪れてみたい。

第６章

集落再生プログラム

青森県平川市にて、集落点検の風景（2009年12月撮影）。右手前が徳野貞雄氏。

1　下北半島——過疎と原発の間で

†過疎問題が凝縮された半島

下北半島は、北は津軽海峡で北海道に接し、西には平舘《たいらだて》海峡を挟んで津軽半島、南に陸奥湾、東は太平洋に囲まれている。形状は鉞《まさかり》にたとえられ、その斧部分だけで東西六〇キロメートル、南北では五〇キロメートルにわたる。

ここは、本州最北端にして、日本の過疎問題を考えるための代表的なフィールドの一つといってよい場所だ。一、四〇〇平方キロメートルあるこの広い半島に、人口約八万人（むつ市・下北郡）が暮らす。下北半島をまわってみると分かるが、この北の半島の中に、過疎地が抱えるあらゆる問題が凝縮されている。もともと山がちで平地が少なく、冷涼な気候のため、開発は遅れてきた。下北半島の本来の主産業は、漁業およびヒバを主体とした林業である。海運が中心だった頃は、それほど不便な場所ではなかった。青森県の中心都市・青森市からは、陸奥湾を隔てて四〇キロメートル弱といった距離だが、陸上交通ではぐるっとまわらねばならないため、半島の付け根に至るまででも約一時間はかかる。
二〇〇七年から二〇一〇年の間に何度か訪れた下北半島での、調査風景のスナップショットをいくつか示すことから、この章を起こしてみたい。

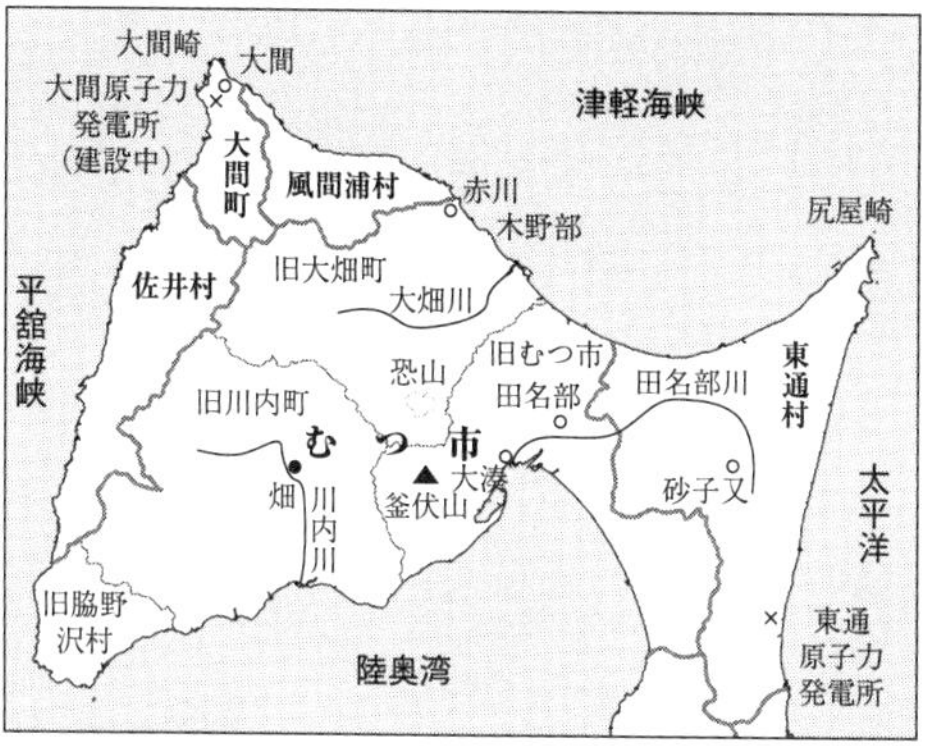

図12　下北半島

†むつ市の一極集中と郊外化

下北半島に都市と言えるものは一つしかない。むつ市がそれであり、ここに半島の高度機能はみな集められている。総合病院、高等学校、中心商店街・大型店、官公庁、駅・バスターミナル。雇用の場もこの都市に集中する。

下北は不幸な歴史を背負ったところで、戊辰《ぼしん》戦争で敗れた会津藩が、斗南《となみ》藩として再興を試みた地でもある。その彼らが入ったのが、江戸時代から代官所も置かれた半島の中心地・田名部《たなぶ》。むつ市は、この田名部を含む田名部町《たなぶまち》と、田名部川河口に形成された港町・大湊町《おおみなとまち》の二つが合併したツインシティである（一九五九年に大湊田名部市、一九六〇年改称）。大湊には隣接して海上自衛隊大湊基地があり、いまも海上防衛の北方拠点である。

このツインシティの間にある平地が開発されて、むつ市の現在の中心市街地を形成している。大型店はもとより、むつ市役所、下北地域県民局、むつ総合病院、市立図書館、田名部高校など、公共施設もここに立ち並ぶ。単純に言って暮らすには便利だ。しかしここから少し出て行くとすぐに過疎地に入る。下北郡にある四町村のすべてが過疎指定を受けており、平成合併でむつ市に編入された大畑町《おおはたまち》、川内町《かわうちまち》、脇野沢村《わきのさわむら》も過疎指定を受けていた。

むつ市の一極集中は明らかで、かつ平成の合併でその格差が見えにくくなってきている。編入された三町村はとくに高齢化の進んだところだったからだ。

しかし、むつ市の規模もそれほど大きなものではない。合併後の人口で六万四〇〇〇人、もとのむつ市だけだと五万人を切る規模。少し高度な機能を求めようとすれば、青森市や八戸市の方におもむくこととなる。船が使える人たちには、函館市に行くという方法もある。とはいえ、青森市まででも車で二時間はかかるので、例えば県の合同庁舎に勤める職員たちも、単身赴任などしてむつ市に住み、通勤する人は少ない。その意味では、離れているからこそ、むつ市の独自経済が築けているとも言える。

†風間浦診療所にて

風間浦《かざまうら》診療所は、下風呂《しもふろ》温泉やイカスミレースで有名な風間浦村にある唯一の診療機関である。一連の医療制度改革の中で、下北でも公立病院の改革が進められ、各地の診療所はその存続が危ぶまれていた。風間浦診療所もそのうちの一つだったが、何とか存続を決められたのは、二〇〇八（平成二〇）年度に指定管理者制度を導入した際に、診療所医師がいったん退職して、指定管理者となった団体に再就職する形で診療所を引き継いでくれたからだ。当時、そのやり方は青森県内でも大きな話題になった。

診療所医師のO氏はあまり取材を受けないと聞いていたが、当時、弘前大学でこの調査のメンバーであった学生の父親であった縁で、何度かお話をうかがうことができた。

小さな診療所だが、毎日七、八〇名の患者を診ているという。薬や注射だけというのが主だが、高齢者が多いので、身体のことにみな不安を抱えている。そこで診療所では、話を聞くだけでも重要だという方針でじっくり時間をかけている。その間、患者たちも仲間と談話をしながら待っている。

O氏は言う。「診療所は高齢者のたまり場」「何のために来ているのか」などと揶揄されることもある。しかし、健康とは何だろうか。ここに来て話をしていると血圧が下がるのだという。病気は身体の問題だけで現れるものではない。久しぶりに来た患者さんに「どうしてたの」と聞くと、「風邪ひいてたから来られなかった」という。医療とは何か、ここでは深く考えさせられる。

医師が一人だとやはり不安はあるという。休めない。自分の専門以外でも診なければならない。長く続けるには体力も必要だ。

風間浦村から、大間町《おおままち》を隔てて向こう側にある佐井村《さいむら》では、歯科のみ残して診療所は閉鎖された。いまその佐井村からわざわざ風間浦村まで来る患者もいるという。佐井村は、日露戦争の戦地で手製の赤十字を掲げたことで有名な医師・三上剛太郎《みかみごうたろう》の出生地で、日本の地域医療の発祥地の一つだ。その村でさえそうなった。いま、佐井診療所の向かいには、廃屋となった佐井営林署の建物もある。ヒバの産地で賑やかだった場所だ。筆者が行ったとき、その裏山には多くの猿が出ていた。人の姿は見えなかった。

†佐助川小学校の前で

むつ市から国道二七九号線を北上し、むつ市に合併された旧大畑町の市街地を過ぎて、いま見た風間浦へと向かう途中、きれいな海岸が現れる。木野部《きのっぷ》海岸は、ごく自然に岩がならんでいるかのように見える消波堤を、しかも住民参加でつくり上げたことで、二〇〇六年の土木学会デザイン賞を受賞した。

その海岸そばに、佐助川《さすけがわ》小学校はある。正確にはあった。まだきれいな建物には、いま生徒がいない。

本来、この小学校には周辺の三集落から一五〇人ほどの生徒が通っていた。いま三集落あわせて子供はたったの一人だ。学校は地域のシンボルである。だが学校を残したくても子供がいなくては開校できない。

そのうちの一集落、赤川で話を聞いた。このあたりの生業は本来は漁業。沿岸でコンブやフノリをとり、沖合でイカをとってスルメの加工用に乾燥し、生計を立てていた。漁業がうまくいかなくなると、若い人は漁業を継がずに建設会社に勤めたり、都市に稼ぎに行ったりするようになった。こうして若い人が出て行く中で、いつのまにか子供を産む世代がいなくなってしまった。

二〇〇〇年代に次々と行われた学校統合。むろん、統合された学校へはスクールバスが出るから、子供たちが学校に行く機会が奪われるわけではない。しかし、学校の行事がなくなり、地域の人が集まる機会も減ると、人々のつながりが薄くなる。まして子供たちは集落に住んでいても、学校があるときはほかの地域に出かけているわけだから、統合によって、子供の姿は日中、集落の中で見かけることがなくなってしまう。

とはいえ、子供がいないから学校を閉鎖せざるをえない面もあるわけだ。先生たちからすれば、数名などという少人数の教育は、子供たちの将来の人間関係づくりを考えれば、避けてあげたいのも道理だ。しかし、子供の消えた集落は、将来への不安を内在することになる。次世代を継ぐ人間がいなくなる可能性が出てくるからだ。

†マタギのむら、畑の現実——共同売店の閉店

平成合併でむつ市に編入された旧川内町。川内川の河口に市街地があるこの町の本来の主産業は林業だ。下北は青森ヒバの産地であり、川内川を遡って山道を入っていくと、海村の多い下北の社会の中にも、鉱山町や山村も少数ながら存在するのが分かる。

下北の山村で最も有名なのが畑《はた》集落だ。川内川の上流部に位置する。畑には、東北地方の伝統的狩猟者であるマタギが移り住んでできた村だという伝承があり、その集落の歴史や生活を追って、かつて根深誠《ねぶかまこと》氏が『山の人生——マタギの村から』を書いた。

畑にはかつて、様々な共同の歴史があった。昭和初期には「原始共産制の遺る村」として紹介されたこともある。「原始共産制」はともかくとしても、戦後も村の共同ががっちりと息づいていた村であり、なかでも地域の人々で出資して運営していた共同売店「マルハタ購買部」は、一九二六（大正一五）年に設置されて以来、地域の生活を支え続けた、

文字通りのシンボルであった。

二〇〇七年、筆者が限界集落問題を青森で調査し始めたとき、最初に訪れた集落の一つがこの畑だったが、行ってみて驚愕した。そのマルハタ購買部が、我々が行った直前の二〇〇七年八月に閉鎖されていたのである。

マルハタ購買部設立の歴史は、川内で商店を出していた人物が、畑にその支店を出したことに始まる。生活の苦しい畑の住民たちはたびたびその店に借財をしていた。ところが借財が重なって店の経営が難しくなり、ついに倒産に追い込まれた。そこで集落のみなでその借金を肩代わりし、店ごと買い取ることにして、購買部を設立した。購買部は地区会会計監査委員（六名）が組合運営委員を兼務し、その方針に基づいて運営され、女性の売り子が副総代（副会長）という呼称の下に販売業務に当たっていた。

畑の人々にとって、この購買部はなくてはならないもので、酒やガソリン、灯油の販売も行い、また簡易郵便局の機能も持っていた。家に何か不幸があったときなどは、何年間もツケで物品を売り、状況が好転してから支払う、というようなこともあり、住民たちはこの購買部に何度となく救われてきた。

その購買部も、人口の減少で住民の購買能力が低下し、最後の数年は赤字に転落、努力の甲斐なく閉鎖に追い込まれたという。その後できた個人売店がもう一店あるので、とりあえず日用品はまかなえるが、地区の象徴の喪失は、畑の人々ならずとも、畑を知る人間にとっても、非常にショッキングな出来事となった。

†年寄りの暮らし、若い人たちの暮らし

こうして、むつ市をちょっと離れると、病院・学校・商店といった、地域生活にとってなくてはならないはずのものが、この十数年ほどの間に次々と消えつつある。それもこの数年で、たたみかけるように事態が進行している。

一九七〇年代の研究だが、社会学者・鈴木広氏は、離島の過疎を調査し、地域社会の存続を考える上で最低限必要となる条件として次の五つを提示していた。すなわち、水、医療、交通、教育、電気である。これらは現代日本社会で人間が生活し、地域が存続するための必要十分条件というべきもので、このうち一つでも欠けると、地域生活・地域社会は崩壊してしまう。そのようなものとして提示されている。

この調査から三〇年を経て、現在の過疎地域の現状を考えると、①電気に関してはほぼ問題なく供給されており、②水についても共同の水源をどう維持していくのかなど、問題が浮上しつつある例は見られるが、とりあえず、どこでも満たされているものと言える。

これに対し、③医療（病院）、④教育（学校）、⑤交通については、廃止・縮小が進み、

地域生活の維持を考える上で、すでに大きな問題となりつつある。また、市場経済に支えられて過疎地の生活もあるのだから、「買い物」ができることも必須条件だ。しかし、郊外大型店の設置と自動車交通の普及は、かつてそれぞれに歩いて行ける距離にあった個人商店やサービス施設などを席巻しつつある。近年の公共・民間サービスの廃止、スリム化は、過疎地域の地域生活の維持を不可能にするところまで進んでいるように見える。

もっとも、時間をかけて公共交通を乗り継いだり、自家用車が使えたりするなら、生活にすぐに影響が出るような大きな問題にはならない。また高齢者には福祉サービスという手段もあり、時間もあるから、何とか対応できなくはない。実際に、色々と不安はあるとはいえ、下北の暮らしはまだまだ健全だ。

問題はやはり、若い人たちの暮らしだ。むしろそこにこそ、年寄りの不安の源泉も内在している。子供を抱える世帯では、子供の急な病気などに対応できるような病院が近くになくなってきつつある。学校も遠くなり、小学校ですらバス通いだ。しかし義務教育なら何とかなっても、高校に通わせる段になると公共交通がなければ、自ら送り迎えするしかない。でなければ都市に下宿だ。どうせ数万円の下宿代を払うなら、一家で移ろうということにもなる。

だが最も重要なのは、それ以前に働く場所がないことだ。そのため、この地で育った多くの若者が、就職や進学に際して、結局は都会に出ることになる。

もっとも、下北半島に全く雇用がないわけではない。これらの集落を過ぎ、下北半島の最周縁部に近づくと、そこにはまるっきりこれまでとは違う光景が広がることになる。

†都市効果と原発効果——大間・東通

大間《おおま》のマグロはいまや全国的に有名だ。大間町はここ下北では特異な町で、財政的に豊かであり、高齢化率も低い。大間小学校を訪れると、その建物の立派さに感心する。全校生徒は三〇〇人を超える。きれいな校舎で学ぶ子供たちは生き生きとしている。実際、ここには、下北ではむつ市以外に唯一、高校があり、小中高をこの町で過ごし、そのままこの地に定着する若者も少なくない。半島の一角だが、離島のような空間で、大間共同体がしっかりと息づいているところだ。

大間では、才覚があれば、漁業だけで生計を立てることもできる。先に見た大畑との違いは漁場だ。大間港の沖合は、日本海の対馬《つしま》海流と太平洋の黒潮が出会う絶好の漁場であり、ブリ、タイ、ヒラメなど魚種も多く、また磯ではコンブ、ワカメ、アワビなども採れる。何より、大間のマグロは東京築地などの大市場に出荷され、高額で取引される。もっともこうした漁場に恵まれているのも、大間町のうち、大間港のみで、他の集落ではむしろ目に見えて高齢化率が高くなっているという現実もある。

そしていま、この町の主産業は必ずしも漁業のみではない。それ以上に大きいのが原発関連の仕事である。

大間原子力発電所は、二〇〇八（平成二〇）年に、電源開発により着工され、二〇一二年三月の運転開始を目指している。MOX燃料（ウランとプルトニウムの混合酸化物燃料）を使用するプルサーマル発電を目指すものである。

下北半島には、この大間とともに、もう一つ建設中の原発がある。東通《ひがしどおり》原子力発電所がそれで、こちらには東北電力による一号機がすでに建設され、稼働しており、その二号機が計画中。さらに東京電力の一号機も建設中である。

北端の半野生馬・寒立馬《かんだちめ》でも有名な東通《ひがしどおり》村《むら》。その役場周辺もまた、原発効果で大きな公共施設が次々と建ちならび、役場・公民館・体育館に、新しい小学校もできた砂子《すなご》又《また》地区の景観は、建物のデザインも含めて異様でさえある。もともと東通村は、地形的な問題から、村役場を村の中に置けず、長らくむつ市内においていた。砂子又地区の開発は、村の長年の悲願であり、これを原発で果たしたことになる。ここもまたもともと漁業が盛んな村で、漁業と原発の組み合わせの中で経済を成り立たせている。

下北半島の集落分布を見ていて興味深いのは、この原発のある半島の北西・北東の突端の二地域のちょうど中間点に、先ほど見た、子供がいなくなって廃校となった佐助川小学校が位置することである。この界隈の道路を、東端の尻屋崎《しりやざき》から、西端の大間崎《おおまざき》まで、実際に行き来してみるとよく分かる。建設土木関係の業者の建物や、あるいは作業用の車の密度が、それぞれの先端から離れていくに従って薄れていく。原発効果の一番弱まったところに限界集落がある。あまりにもはっきりとした構図だ。

これに対し、下北半島の南側、陸奥湾岸は、むつ市から遠いほど高齢化率が高くなる。なかでも最も遠い地域が、山間部にポツンと位置する畑《はた》であり、また西端の旧脇野沢村や佐井村であった。

こうして下北の過疎・少子高齢化の実態は、都市効果と原発効果でかなりのところ説明がつく。下北半島を支える雇用は、基本的には官公庁と自衛隊、そして原発関連の下請けであり、逆に言えば、自衛隊と公共事業があれば、地域社会は成り立つのだということでもある。

2 発想の転換を——経済・雇用から「暮らし」の問題へ

†福島第一原発事故の暗い影

だが、その原発の効果も、今回の震災で今後の見通しは全く不透明になってしまった。東通原発一号機（東北電力）も稼動再開の目処は立っておらず、建設中の東京電力一号機や、大間原発も先行きは不透明だ。

国防と原子力発電は、我が国にとって――少なくとも震災前までは――なくてはならないものであった。そしてその立地を引き受けた地域には、様々な形で、恩恵が与えられてきた。過剰とも思える公共施設群。そして住民サービスとして行われる各種のソフト事業。

しかし、これらはいわば危険産業であり、なかでも原発の場合、その最悪の結果が何をもたらすのか、我々は東日本大震災でその現実を見てしまった。危険産業と寄り添うことで成り立つ家族三世代の暮らしは、実は危ういリスクのもとにあったわけだ。

「雇用がなければ若い人は住めない」。確かにそういう側面はある。しかし、雇用があればそれでよいというわけでもないようだ。そもそも、原発も自衛隊も、地域が自らでつくり出したものではない。外から来たものは、いつまでそこにとどまるかは分からない。何かあれば地域はすぐに切り捨てられる。これは、誘致企業の導入でも同じであって、すでにバブル崩壊後、我々はそうした事例をたくさん見てきた。仕事があればよいが、外から持ち込まれるのではなく、集落や集落と関わりの深い町や都市の中で内発的につくり出されたものであるのが望ましい。

ところで本来、過疎地の多くは自給自足的な要素も多く持っており、都市生活に比べて生活費はかからない。また現在は道路はたいてい確保されているのだから、都市に通うことでむらの暮らしを続けていくこともできる。知恵の出し方、工夫次第で、限界集落の多くは、存続可能と思われる。

結局、雇用の問題と言っているものも、本当は「暮らし」の問題として考えるべきものなのである。「暮らし」から発想することで、いままでとは違った問題の側面が見えてくる。むろん、ここから発想したとしても、解決はなおも遠い。それでも、雇用や経済は、誰かの力でこれを変えるなどということは難しいから、「雇用が欲しい」などと発想していたのでは、その解決も誰かに委ねるしかなくなる。しかし、これが「暮らし」であれば、「暮らし」は自分たちの手で工夫可能な領域だ。そこから発想することが、問題を切り拓き、力を動員する手がかりになる。発想の水準を変えると言ってもよい。

†向こうから下りてくる過疎対策

これまでに行われてきた過疎対策を振り返るなら、道路やインフラなどのハード中心、かつ産業や経済、雇用の面からのみ地域を見てきたものばかりであって、必ずしも「暮らし」の視点から立案されてこなかったのは明らかだ。それはつねに、当の集落の暮らしの向こう側で決められ、暮らしは変化に巻き込まれるだけで、暮らしの側から何かを変えるものではなかった。

むろん、暮らしを守るために必要なハードはある。ソフト事業もそれなりに成果をもたらしたとは言えるかもしれない。

が、国が公共事業のメニューを示し、資金を用意し、地方がそれに従っていくというやり方では、ましてその過程で地方に雇用の機会が配分されればそれでよいとする考え方では、結局は地域の主体性は奪われてしまう。中でも九〇年代のバブル崩壊前後に生じた公共事業の大規模な展開は、地方に暮らす人々の意識を大きく変えてしまった。国に依存し、大国経済にすがり、専門家や科学者にも「何かしてくれる」と期待する、そういう心性が完成されてしまったかのようだ。

二〇〇〇年代には財政緊縮の状況へと移行する。地域では一挙に問題も露呈するが、それでもまだ同じような依存感覚が残ってきた。

†発想の転換を――地域再生の主体は誰か

　ここで発想を転換する必要がある。足元を見つめ、人々が集い、みなで知恵を出し合って、新しい生き方を、暮らしの中から主体的に創造していく。そうしたことが、二〇一〇年代には最も必要なことになる。その起点はむろん、当の集落であるべきだ。しかしまた、このことは、いまや限界集落に暮らす人に限った問題ではないことにも気づくべきだ。

　国に依存し、大国経済に身を委ね、専門家や科学者にすがる――そうしたことは、日本国中のみんながしていることであって、むしろ限界集落のような場所――山村や海村、古い市街地――は、全体から見れば依存していない人々が多いところだと言ってよいはずだ。知恵を出し、力を束ねることも、限界集落の人々にはできるが、大都市居住者には最も難しいことではないだろうか。

　地方にはまだ、人々が集い何かを生み出す主体性の文化がある。その文化は、過疎・少子高齢化によってその力を削がれているが、全く失われているわけではない。かつて民俗学者や社会学者が古い文化・古い社会を山村に分け入って探したように、いまや条件不利の地域ほど、そうした生活文化はいまも根強く残されている。

　このことはおそらく、本書の切り口の一つである、世代の問題とも深く関連しているのだろう。一九九〇年代、新過疎への転換期に、昭和一桁生まれが六〇歳代で、普通のサラリーマンであれば定年になる。この戦前生まれ世代に代わって、バブル崩壊期以降は戦中・戦後生まれが組織社会のトップになっていった。しかしこの世代は右肩上がりの経済だけを経験してきたので、九〇年代以降も、成長や発展が目標の中心に据えられたままだった。何より国家や経済がもたらすうまみを知っている。

そして、低成長期生まれ世代は九〇年代が青年期。バブル崩壊後の経済の中で仕事を始め、二〇一〇年代のいま、三〇歳代から四〇歳代になる。現在の日本の働き盛りの年齢層だ。今後はこの世代が社会の中心になる。

ところが、この世代になると、もはや多くが大都市生まれ。また地方に生まれた者も、就職を求めて多くが都市部へ出てきている。高等教育を受け、どこにでも振り分け可能な上に、広域移動にも慣れた労働力で、都市的雇用にほぼ回収され、仲間と集い、集団組織をつくるのに慣れていない。中央集権、経済中心の考え方から離れることも難しく、それどころか、そこからうまみを吸い取ることにも不器用だ。景気悪化の中で不安定な仕事についている者も多く、自分のことだけで手一杯で、未来の見通しも明るくない。

限界集落と呼ばれる場所以上に、いま都市でこの日本社会を動かしている中心層でこそ、その主体性を取り戻す必要があるのかもしれないわけだ。

日本社会にかつて当たり前にあった「人々がまとまる力」、主体的な社会文化を、そうした文化が最も残っている周辺集落から再生していく。都市と村落、中央と地方、中心と周辺の関係をここでいったんひっくり返し、むら・地方・周辺から、都市・中央・中心のあり方を問い直し、構築し直していく。こうしたことまで構想する必要がありそうだ。

そのために次のようなステップを区分して、考えていくことにしよう。前章の最後に、地域別に見た三つの課題を提示した。いまここで、それを大きくふくらませていこう。

†三つのステップ——地域別の課題から

第一に、まずは集落の人々自身に主体的に取り組む気持ちがなければならない。集落再生に向けたやる気、展望を見出していくこと。そのためのプログラムとしてはすでに有効なものが開発されているので、次にこれを紹介してみたい。「集落点検」と呼ばれる手法がそれである。この手法も、一部に歪曲されて理解されている嫌いもあるので、ここではその意義を丁寧に解説しておこう。

そして第二に、この問題への取り組みには、限界集落にいま居住していない人々、その地の出身者や近くの集落、中心都市の人々をも、積極的に関わらせていく必要がある。第一の課題を集落の内部的条件の開発とするなら、第二のそれは外部的条件の開発の課題と呼べよう。この点を集落点検の紹介に引き続き考えてみよう。

さらに第三に、限界集落の問題は、国民全体の課題として提示され、認識されなければならないものである。条件不利な場所で生活インフラを引き続き確保するには、どうしても制度的な支援が必要だ。これまで過疎地の支援については、緩やかな国民的合意ができていたために、それほど問題にはならなかった。しかしながら限界集落問題の提起とともに、こうした地域への国民の不理解も露呈し、近年では「条件不利な地域には消えてもらった方がよいのではないか」ということまで口にする人も現れ始めている。最後に、この不理解の問題について考えながら、限界集落問題の持つ意味の深みを探っていこう。

3 集落の主体性を引き出す——集落点検という手法

†徳野貞雄氏のT型集落点検

二〇〇九年一二月、青森県平川《ひらかわ》市東部の山間にある葛川《くずかわ》集落の集会所で、おそらく東北初の集落点検が行われていた。「集落点検」は、限界集落問題を考え、解消していく上での、切り札の一つとして期待されているもので、現行の過疎法では集落支援員と並ぶ目玉施策となっている。もっとも、筆者が知る限り、この手法を最初に提唱し実践してきたのは熊本大学教授の徳野《とくの》貞雄《さだお》氏であり、すでに十数年が経つ。徳野氏はとくに自分の集落点検のやり方を、T型集落点検と呼んでいる。

T型集落点検は、集落（むら）を家族の集合体としてとらえる点に大きな特徴がある。かつ、その場合の家族を、その集落の中にいまいる人たち――すなわち住民基本台帳上の世帯――だけでなく、いまはここに住んではいないが、時々帰ってきたり、あるいは将来帰ってくる可能性のある人々にまで広げ、とらえていく。彼はそうした人々を、集落から他出した子供たち、すなわち「他出子」と呼び、他出子も家族の一員であり、むらの一員であることを、むらに暮らす人たちに確かめさせ、そこから、むらの将来について考えさせていくという手法をとる。

†離れていても家族は家族

徳野氏のこの点検についてはとくに、熊本をはじめ、西日本の各地で試みられており、その効果についても伝え聞いていた。徳野氏は筆者のかつて所属した研究室（九州大学社会学研究室）の先輩である。髪の毛はチリチリで、目は小さく、めがねをかけ、大柄というよりははっきり言って太ったその風貌は、誰が見ても興味引かれるものがある。

氏の提唱する集落点検は、まずは集落点検の意味を伝える刺激的な講演から始まる。この日集まった参加者は五〇名ほど。年寄りから小学生の子供まで、妙な説得力で話に引き込まれていく。本人の出身地である関西弁と、現在の九州弁、そしておそらく熊本大学の前に赴任していた広島弁の奇妙なちゃんぽんで、ときには笑わせながら、ときには怒りながら、聴衆を引き込んでいく。

徳野氏は言う。家族と世帯は違う。「世帯としては離れて暮らしていても、家族は家族じゃろ。あんたワシの子供に小遣いくれるか。くれんやろ。やっぱり自分の孫やから、なんでも買うてやるんやろが。ここに住んどらんでも、離れとっても家族は家族じゃ」。

「ばあちゃん一人で住んどっても、車で一時間ぐらいのところに、たいてい誰かおるやろが。ほんでしょっちゅうきて、子供の面倒みいゆうて、みさせられちょろうが。それはあんた、家族だからやろうが」

徳野氏の話は、むらの現実をそのまま言い当て、暮らしの中で、家族だけがもたらしうる幸せを確認させてくれる。そして集落を、そうした家族の集まりとして描き出し、かつ外に広がる豊富な人材の存在を確認させて、ともすれば忘れがちな、むらに関わる人々の強いつながりに気づかせていく。そしてそうしたことを、具体的に、むらのみんなとともに確認していく手法として、集落点検が示される。

集落点検は次のように行われる。むらに暮らす人にとっては、いたって簡単なやり方だ。まず、集落を一〇戸ぐらいの単位に分け（いわゆる班ぐらいの単位）、模造紙を広げて囲ませる。そこに道を書き、家を書き込んでいって、集落の簡単な地図をつくる。

次にそれぞれの家ごとに家族構成を書き込んでいくのだが、ここが集落点検の大事なところだ。まず、黒のマジックで、いま住んでいる家族を書く。これだけだと、場合によっては、年寄りだけの寂しい集落地図が浮かび上がってしまう。

ところが次に、今度は赤のマジックで、それぞれの家から外に出て行った人、集落から離れてはいるが、「家族」である子供たち、孫たちを書き込ませていく。そうすると、これまで隙間の空いていた模造紙に、場合によっては書き込めないほどの数の人々があがっていく。そして多くの場合、そのうちの何人かは近くの都市に住み、しょっちゅう戻ってきて集落の行事にも顔を出し、立派なむらの一員であることに気づかされるのである。

†「帰ってきたらええ」

こうした他出子たちに「帰ってこいと言えばええんじゃ」と、徳野氏はけしかける。そもそも第5章でも確かめたように、出て行った方は出て行った方で、必ずしもみな都会の暮らしが快適だと思っているわけではなく、どこかで戻りたいなどと考えているものだ。

しかし、これまではむらの暮らしよりも、都会で立身出世をする方が大事だと思い込んできたため、「帰ってこんでもええってゆうてしまっとったやろ」という。しかし、むろんこのままでは、長く続いてきた家もむらも存続が怪しくなる。「そろそろ帰ってきたらええ。そう言わんか」。そういう時期なのだ。これが徳野氏の持論である。

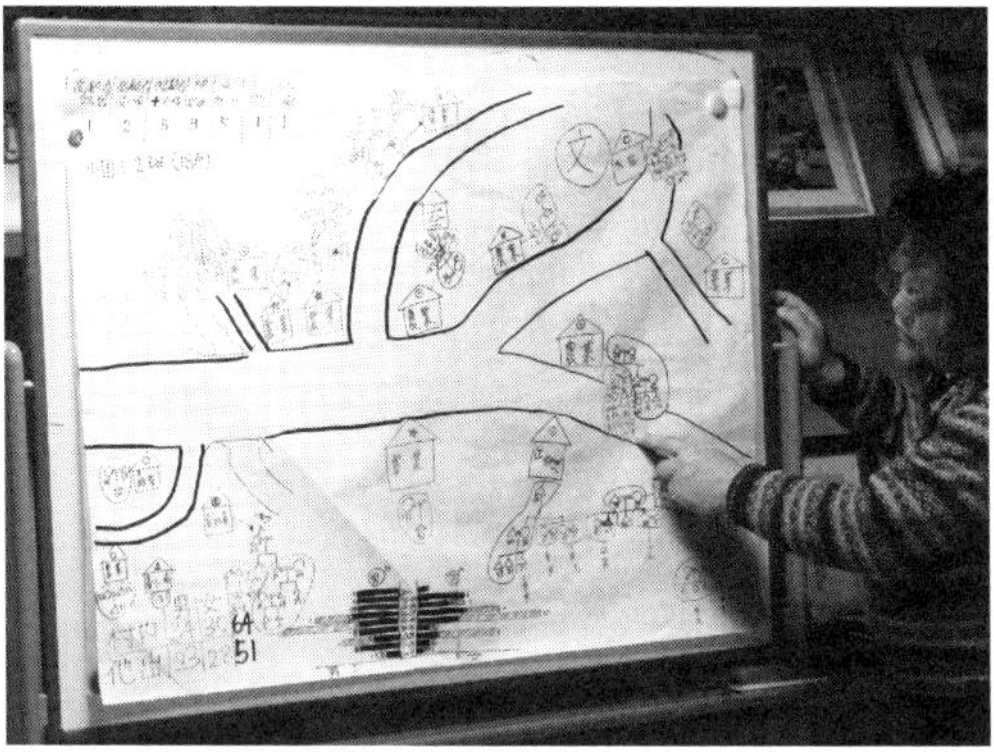
写真5　徳野貞雄氏による集落点検（2010年、青森県平川市にて）

　この九州を舞台にして積み上げられてきた徳野氏の話が、北東北の地でも通用するのかどうか正直いって分からなかった。しかしやってみると反響は大きく、話は全くそのまま通用した。要するに、九州でも東北でも、家族やむらに起きてきたことの本質は同じなのだ。しかもさらに驚くべきことに、この長大な日本列島の北と南で、家族を持続させられるよう、できるだけ近くに長男や長女がいて、同じように存続の準備がなされている。このこともまた同じなのだ。

†集落点検から引き出されるもの

徳野氏のパーソナリティにもよるのだが、この集落点検には大きな効果がある。平川市でもこの数年、何カ所かで実施して、住民たちにはいくつか具体的な動きも現れてきた。

ともかく、何より、目標を足元に置くことが大きい。仕事がない。病院が遠い。買い物に困る。こうした問題は、個々の住民たちではなんともしようがない。しかし、家族やむらに関わる人間関係にならら手が出せる。いやむしろ、それは本人たちにしか手の出せない領域だ。そうした足元の見直しを行うだけでも効果がある。ジリ貧と思っていたむらが、新しいめがねで見ると、急に可能性のあるものに見えてくるからだ。

点検をしてみると、再生への道も自分たちで、もとからつけていることが多い。たいていの家では、他出子を誰か近くに持っており、何らかの帰る準備をしているものだ。そのことにむらのみなで気づくことがまずは大きい。そして気づいたなら、それを実現していく努力をすることだ。こうして出てくる地域の主体性に、市町村によるサポートや、県や国が行う制度的支援（学校、病院、交通）が重なり合うことで、しっかりとした展望が開けてくる可能性がある。

第4章の深谷でやったアンケートにも同じ効果があった。しかし集落点検が重要なのは、これを自分たち自身でやることで、集落内のより多くの人が、この問題を自分たちの問題として主体的に受け止め、動くきっかけができることだ。

徳野氏によれば、集落点検には人材探しの側面もあるという。現在の人間関係は農山村であってもやはり希薄化している。組織化も苦手だ。点検は、新しい社会動員の機会にもなりうる。何に力を入れるかは集落によって違うから、専門家にアドバイスをもらうよりも前に、まずは自分たちの中に何があるか、見つめ直すことが大切だ。

もっとも、地域再生へのアイディアや、具体的な努力は、決して、その集落の中にいる人だけで担うべきものでもないし、また実際にそこにいる人だけでは、再生への道筋が見えないところもあろう。

過疎に関わる問題は、前に説いたように、しばしば国家的レベルの矛盾に起因するので、国の対策・県の対応もまた必要になる。だが、集落レベルから見れば、そうした大きなものの前に、もっと身近で頼りにすべきものがある。それは周りにある近隣集落であり、あるいは集落が使っている市街地、さらには広域的に見た場合の中心都市である。というのも、そこに自分たちの同胞が数多く住んでいるからだ。

集落支援のための体制づくりという形で、次にこうした集落外に広がる外部的条件について、その課題を整理してみたい。ここでも筆者が関わったある事例からスタートしよう。

4 集落支援のための体制づくり——周りの地域を巻き込む

†小さな祭りを支える有志たち

青森県弘前市にある沢田集落は、弘前市相馬《そうま》地区（旧相馬村）に所属する一六集落の中でもとくに山間の奥に位置し、現在一〇戸、高齢化率もちょうど五〇%となっており、いわゆる限界集落に当たる。

この沢田集落のウブスナ様で、毎年、旧暦の小正月に「ろうそく祭り」と呼ばれる祭礼が催されてきた。屛風岩と呼ばれる巨大な岸壁の山裾に連なる沢田集落には、その岸壁の中央に社殿を置いた沢田神明宮《しんめいぐう》がある。冬の間降り積もった雪を削ってつくられた階段状の参拝道を舞台に、数百本ものろうそくが山村の虚空を焦がす。そのろうそくの燃え残りの形を見て、集落の長老が新年の豊凶を占うもので、小さいながらもその幻想的な風景から、見物客の絶えない津軽の冬の風物詩になりつつある祭りだ。二〇〇六（平成一八）年には、津軽遺産にも指定された。

その祭りも、二〇〇五年の弘前市との合併後は、補助金の削減と、少子高齢化による人材不足から、その存続が危ぶまれていた。「沢田ろうそく祭り実行委員会」は、そんな沢田の人々を支えようと、旧相馬村民の有志によって組織されたものである。合併前の相馬村（人口約三八〇〇人）は、過疎地でありながら、日本でも有数のリンゴの生産地として、また津軽グリーンツーリズムの発祥の地として、地域づくりで有名な元気のある農山村だった。しかし、平成の合併はそうした相馬の歴史を一挙に吹き飛ばしてしまい、合併で新しく始まったねぷたづくりを除けば、明るい話題がほとんどなくなってしまっていた。

写真６　沢田ろうそく祭りの準備風景（2010年）

このままではいけない。かつての相馬村の元気を取り戻そうと、地域リーダーたちが考えたのは、限界集落と呼ばれるようになってしまった沢田集落の応援だった。沢田に何かあれば相馬全体も危うくなる。逆に、沢田のろうそく祭りを盛り上げていくことで、何もない相馬に核となるシンボルをつくり、弘前とは違う個性ある相馬地区をいま一度アピールしていくことができるかもしれない。

沢田町内会・氏子組合を中心に、相馬村農協、農協婦人部、青年部、紙漉沢《かみすきざわ》青年団、役場OB、村会議員OBなどが実行委員会を組織し、そこに弘前大学人文学部社会学研究室の学生たち、弘前市観光コンベンション協会などが呼ばれて手伝いながら、二〇一〇年の旧小正月には、実行委員会によるろうそく祭り開催を実現した。社殿までの雪の回廊づくりとともに、お札とろうそく、そして軽食・飲み物の販売などを行うとともに、バスツアーも実施して、弘前からの集客を積極的に行った。以前から好評だった、沢田集落の女性たちがつくるミニ炭俵も、この日はその制作現場を公開して、参拝客との交流を図った。

彼らのもくろみは当たり、二年目の二〇一一年二月の開催時には、合併後最大となる約一〇〇〇人もの参拝者が訪れ、新聞・テレビにも報道されるなど、好評を博した。すぐそばの地元の人間が集落の祭礼を手助けしたことで、暖かみのある祭りが実現し、また沢田の人々自身が余裕を持って参拝者に対応できたことから、初めて訪れた人からも、「また来たい」との声を勝ち取ることができた。何より、沢田にとっても、相馬地区全体にとっても、弘前市への合併以来、見失われてしまっていた地域の力、地域の誇りを、いま一度、確認できたことが大きな収穫であった。

†近くの集落との関係づくり——社会的主体としてのむら

限界集落支援のために、その周りの地域社会では何ができるか。

むろん、周りといっても、近いところから遠いところまで幅広い。近くでは、例えば隣の集落も大きな外部条件だ。第4章の深谷地区の例では、黒森にとって、細ヶ平や深谷の存在が、大きなものとなっている。三集落が人材、資源を共有することで、様々な実践の可能性が広がったからだ。

いま示した沢田の事例では、平成合併前の旧相馬村の中心集落に所属する住民たちが、沢田集落にとっての重要な外部条件となっている。弘前市相馬地区は過疎高齢化が進んだ地域とはいえ、津軽リンゴの有力な産地であり、中心的な集落には力のある農業後継者が数多く育成されている。旧村の中心集落が持つ豊富な人的・社会的資源――若い世代や多様な人材、農協組織や青年・婦人組織など――が活用されることで、沢田集落だけでやっていたときには考えもしなかったような展開が可能になった。

このような身近な集落間の連携は、できるようで、いままでなかなかできないことだった。「むら」の内と外がはっきりしていたからだ。

本来、むらは、大きかろうが小さかろうが、その一つ一つが単位である。一〇〇戸のむらも一〇戸のむらも、それぞれ一つの社会的主体と考えるべきものである。それゆえ、各むらの決定は尊重されるが、その反面で、相互に不干渉ともなり、むらが違えば、その中のことは外からは見えないし、関心もないことが多かったわけだ。

ところが、そうしたむらむらの中に、集落の存続可能性に黄信号が灯り始めた地域が現れてきた。そうした問題が、少子化の進む戸数の少ない小規模集落にとくに先鋭的な形で現れてくることは、本書の前半においてすでに指摘しておいた通りである。

ところでその際、これまではこうした問題の処方箋の一つとして、力のなくなってきた小さな集落を、力のある大きな集落に再編統合し、吸収するというやり方がしばしば考えられてきた。実際にこれまで、集落は消えないまでも、地区会や町内会の合併などを進めてきた地域がある。また第2章で見たように、集落間の関係には様々あり、問題となっている集落が分村や枝村などの場合には、本村に吸収するのが自然な場合も確かにあった。

しかしながら、多くの事例においては、こうした吸収統合は当の集落の側からはしばしば受け入れ難く、実際はなかなか進まなかったはずだ。というのも、やはりそこには、むらの主体性の問題が存在するからである。これは実は、受け入れる側のむらにとっても同じことで、受け入れは自らの主体性をも危うくする。むらは、小さくとも大きくとも独立した存在である。吸収合併はその主体の独立性を脅かしうる。とはいえ、小規模集落の問題には多くの集落が協力する必要もあるから、近年では、ごく自然に、集落間の連携という形が模索されるようになってきた。相馬地区沢田の事例でも、鰺ヶ沢町深谷の事例でも、集落間の連携という形が選択されているのは、やはり、むらの主体性が互いに尊重されるべき第一のものだからであろう。

いやもっと言えば、本当はむらの主体性の喪失をこそ、人々はみな恐れているのだ。ここで主体としてのむらについて、より突っ込んだ議論を行っておく必要がありそうだ。

†主体喪失の危機としての限界集落問題

しばしば言われるように、日本の社会においては、欧米社会に比べて個の主体性が弱い分、個人よりも集団＝社会的単位が主体性の源泉になってきた。日本では、どうも本来、個人よりも、こうした集団の方が重要なのだ。集団を通じることによってのみ、主体となりうると言うべきかもしれない。

その集団の核にあるものとして、戦前までの社会学では、「家《いえ》」「村《むら》」および「国《くに》」がとくに取り上げられてきた。これに加えて戦後は、「企業」が擬似的な家として広く展開されている。

むろん、むらむらや家々の間には、過去の歴史的経緯や分岐の関係などから、本家と分家のような非対称の関係がつくられもする。しかしまた同時に、それらが主体である以上、その意志決定権は、基本的にはそれぞれに独立し、尊重されてもきた。こうした考え――

集団中心主義とでも言おうか――は、現在でも日本の基本的な社会原理として生きており、人口の多寡にかかわらず、同格の社会的主体は、同等の権利を持ち、例えば都道府県の間、市町村の間には、それぞれそれを尊重する態度が貫かれてきた。

むら（集落）もまた、一つ一つが独立した主体である。そのむらの限界化・消滅可能性の問題とは、それゆえ、主体の喪失可能性を意味することになる。そして主体であること、自分自身で自分自身を決定することができることは、「よく生きること」と深く関わる問題だから、それを維持しようという努力があるのも当然のことであり、また、むやみにその解消を他の主体が口にするべきでもないわけだ。ましてそれを、別の主体に吸収統合してしまったのでは、問題の解決とはほど遠いことになる。

社会的主体はあらためてそれを一からつくり出すのは非常に難しく、現在では企業や非営利団体などの法人くらいしかない。企業でさえ、ある業種の形成にはそれに必要なタイミングがあり、機会を逃せば新たな主体は生まれない。例えば、この日本で新しい自動車生産企業が、今後、一から形成される可能性はほぼないだろう。そして同様に、我々はもはや、「新しいむら」を興す能力をすでに持たないようだから、いまあるむらだけを前提に、今後の農山漁村の姿を考えていかねばならないことは確実だ。

†集落と基礎自治体――合併で失った主体性を取り戻す

とはいえ、社会的主体の間には、横の連携とともに、縦の関係もある。そして、日本社会のもう一つの大きな特徴は、この縦の関係が支配―従属の関係を含み、上位と下位がヒエラルキー状に構成されている点にある。各集落（むら）にとって、すぐ上位の主体は、基礎自治体（市町村）である。そして基礎自治体はさらにその上に、県、国をおいてきた。

こうした上位機関のうち、暮らしのことを一緒に考え、暮らしの側から社会を変えていく力になるのは、やはり市町村などの基礎自治体である。県や国が、集落にとっては全くの外側に位置するのに対し、基礎自治体だけが唯一、暮らしの側から発想し、集落とともにものを考え、実践できる、身内としての上位主体である。言い換えれば、暮らしや集落の側からすれば、最も身近な公《オオヤケ》であり、クニだと言えよう。

しかしながら、基礎自治体と、集落・住民との間には、戦後の長い歴史の中で、単なる支配―従属を超えた、非常に強い統制と依存の関係が形成されてもきた。かつ、自治体は自治体でこれまで、その住民や暮らしよりもむしろ、さらに上位にある県や国の顔色ばかりをうかがい、地域住民の自治体という面は薄れて、国や県の立てた政策を現場で請け負う、下請け行政機関に甘んじてきた。

二〇〇〇年代の構造改革で、こうした関係は大きく変わらざるをえなくなっている。いま各地の過疎自治体で行われている、集落や住民との間の真のパートナーシップの模索は、せっぱ詰まってきた基礎自治体の現実を表している。筆者はこれを、上位の県・国との安定的な関係が望めなくなってきた中で、自治の原点に戻って始まる、暮らしの側からの地域政策形成の端緒と見たい。第4章で見た鰺ヶ沢町の例をはじめ、本書で示した各地の事例でもそうした切迫感がひしひしと伝わってきたはずだ。

それゆえ、こうして見ると、最悪であったのはやはり、このタイミングでの平成の市町村合併であったことになる。人々をまとめる単位が馬鹿でかくなり、主体が見えなくなった。このことがどんなリスクを孕んでいたかは、東日本大震災での合併吸収地帯の苦悩を見れば明らかだ。過疎でも災害でも、対応が遅れていたり、対応できていなかったりする地域は、昭和や平成に合併した地域が多い。自治体を失ったことで、しばしば主体を喪失しているわけだ。ここで取り上げた相馬地区の事例は、この角度から見れば、合併で失った主体性を必死になって取り戻そうとしているようにも見えてくる。

†都市の資源を使いこなす

もっともこうした、むらとむらとの間の、あるいはむらと基礎自治体との間の関係が、近接性や同質性、あるいはその自治体に所属しているという明らかな了解を通じて、比較的築きやすい性質のものであるのに対して、都市住民と村落住民との間の意識差は越え難い、大きな壁をなしている。村落と都市では、やはり生活様式が違うから、お互いに理解しあうのはかなり難しいようだ。

とはいえ、近隣都市住民の力は、集落再生を考える場合にやはり必要だし、また世論をつくっていくのも主に都市住民たちだから、公共性という考え方からも、都市と村落の関係性の再構築は、過疎地域再生を考える場合に欠かせない手順になる。

いまあげた沢田集落の例は、集落間の関係を再構築し、基礎自治体に代わる主体形成をもくろんだものであるとともに、合併の事実をうまく利用して、都市を巻き込んだ応援体制づくりを、旧村の側から試みていった点でも非常に興味深いものとなっている。ここでは旧相馬村の有志が中心になり、相馬村農協や相馬地区の集団が協力しているだけでなく、弘前観光コンベンション協会や公共宿泊施設・そうまロマントピアといった弘前市の外郭団体、および弘前市中央公民館や我々弘前大学といった教育・研究機関を、有志たちが意図的に活用している点に、もう一つの特徴がある。要するに、村にはない、都市の資源を様々に取り込んで、自分たちの力にしているわけだ。これまでは都市が村をよいように使ってきた嫌いがあるが、今後は、村が都市的機関を使いこなす発想が必要だ。

ところで、集落再生を考える場合に最も重要な都市資源の一つに、マスメディアがある。この沢田ろうそく祭りでも、リーダーが意図的に、NHK弘前に話を持ちかけ、事前の準備段階から、取材をお願いしていった。できあがった番組は夕方の地方ニュースの特集で取り上げられ、一部は全国放送でも流れた。こうした露出は、関わった人々の大きな達成感につながったが、それだけでなく、こうした報道を通じて、沢田－相馬－弘前のつながりを演出し、確認できたことが大きい。こうした新しい社会関係の形成は、それを強く印象づけることで、さらに次の新たなつながりをつくっていく基礎になるものだ。

もっとも、メディアとの関係は、この問題を考える場合、実はもっと本質的な意味を持つものでもある。ここで少しこのことを展開し、強調しておきたい。

†メディアが左右するリスク問題の現実

我々はメディア社会に生きている。それゆえ、メディアに登場するものこそがリアリティがあるのだと錯覚しやすい。逆に言えば、メディアが取り上げないものにはリアリティを感じることができないということでもある。メディアに報道されることで、我々は初めてその存在を広く共有できるわけだ。

むろん、このことを批判するのはたやすい。しかし、そうした構造ができているというのも、すでに見たように、家族すら広域に分散してしまっており、我々は目の前のことだけに注意を奪われているわけにいかないからでもある。日々の暮らしは全国に、あるいは全世界につながりをもって営まれ、好むと好まざるとに関わらず、メディアのもたらす情報が、我々の暮らしにとって不可欠なものになりつつある。それゆえ、そこに現れる社会のリアリティのあり方は、我々の感じるリアリティにも大きな影響を及ぼさざるをえない。

メディアのあり方、そこでの認識のあり方が、我々の日々の認識を大きく左右する。メディアの問題の取り上げ方いかんで、人々の認識も大きく変わってくるのだから、これを積極的に活用することは、再生を考える主体にとってはやはり小さくない事柄だ。

それどころか、マスメディアには、限界集落のような問題に関わって、さらに大きな本質的な役割がある。メディアが問題をポジティブに取り上げることで、現実にもポジティブな反応が現れる。逆に――本書の最初に述べたように――メディアが「限界集落はもう駄目だ」とあまりにネガティブに報道すれば、実際の地域も「もう駄目だ」とネガティブに考え始める。まして何も知らない都市住民は、メディアの伝えることこそが真実だと思うだろう。実像と離れた演出はむろんすべきではないが、メディアの認識、メディアの理解一つで、都市と村落の関係性は大きく改善する可能性がある。

先の鯵ヶ沢町の例でも、地元紙・東奥日報での継続的な報道があったことを強調した。

この場合は、もっと意図的にその戦略を構築し、実践したものだ。限界集落の問題を、筆者のような専門家が持っている情報と、記者があらためて取材から掘り起こしたルポを絡めて、一年をかけて様々な角度から提示していった（東奥日報特集「ここに生きる」全六部、二〇〇九年一月から一二月まで連載）。限界集落の問題を、全国の動向もふまえながら、県内にある現実の問題として示すとともに、とくに深谷地区の事例を中心に取り上げながら、その暮らしの健全さ、また用意されている存続の道筋を開示し、県民全体がこの問題にどう向き合うべきかを新聞紙上を通じて問いかけていった。メディアが示すことで、問題がリアリティをもって人々に受け止められていく。現象が身近なものとして感じられるとともに、再生の方向性が示されることで、それぞれの立場で何を考え、何をすればよいのかも理解されていく。

メディアのつくる世論形成・世論操作についての議論は、メディア論の基礎中の基礎だが、限界集落問題はまさにその渦中にある出来事だ。

というのも、第3章で述べたように、限界集落論およびその再生論は、現在生じている問題というよりも、将来に備えたリスク問題だからである。将来への備えは――例えば防災がそうであるように――半ばは啓蒙活動に近いわけだから、新聞・テレビなどのメディアの関わりは本質的な要素になる。メディアが示す方向性が、実際の将来の現実を、良くも悪くも引っ張っていく。メディアがどのように問題を提示するか（あるいは提示しないか）によって、現実は大きく変わるのだ。メディアと世論形成の関係は、インターネット・メディアが台頭し始めているいま、かえって今後、非常に重要な論点になってくるはずだ。ジャーナリズムそのものを原点から見直す転換期と言ってよいのだろう。

†都市との関係を再構築する

過疎地の集落が近くの都市と結びあい、パートナーシップのもと、メディアを通じて今後の方向性をみんなで前向きに考えていくことができるなら、先にやった集落点検のワークショップの意義も高まってくる。集落から見ても、近隣都市の協力は直接の力になり、できることは大きく広がってくるからだ。

ここで強調しておかなければならないことは、都市の方でできることは、こうした祭りやイベントへの参加などにとどまるものではないということだ。イベントは連携の入口であって、ふだんの生活に関わって、もっと色々な協力関係が展開可能である。例えばこういうこともありうる。

都市にある事業所で、周辺のむらむらから人を雇っている、食品加工工場があるとしよう。雇用主としては、雇用者には仕事場の近くに住んで、自由に使える労働力であってほしいわけだ。しかし、職員はあくまで人間であって労働力ではない。人間には家族があり、暮らしの場としての地域社会がある。職員の労働時間のあり方など、これまでは雇用者側だけで決めてきたものを、働く人の暮らしの視点から見直すことができれば、その人の家族や地域がうまく再生することがありうる。例えば、大雪の日には時間をずらして出勤するなどの措置があれば、もといたむらを出なくてもすむかもしれない。要するに、周辺地域との共存を考えた雇用のあり方を追求することもできるはずであり、筆者は意外に、こうした細やかな調整の積み重ねが大きな力になると思っている。これまでつきあいのなかった関係をつないでいくことで、アイディアはまだまだ無限に出てくるはずだ。

†中心と周辺を考える

地域内での資源の確保・確立と、地域外資源との連携――この二つのステップは、ある限界集落を起点にして、その生活圏と重なり合う地方都市圏を念頭において描いたものである。こうしたことを考えていく際に、手がかりになると思われるキーワードが、「中心と周辺」である。

まず、ここで見た沢田集落と相馬地区の関係にさえも、この中心と周辺の関係が内在していることに注意しよう。前述のように、基本的にむらむらは対等である。しかしいわゆる限界集落とそうでない地域の間には、どこかに優劣を含めた、非対称の関係が存在している。これを、中心―周辺関係としてとらえ、考えてみよう。

　都会にいる人間にはなかなか分かりにくいことだが、例えばある基礎自治体の中でも、中心集落と、周辺集落ではものの見え方が違う。地方の村だからといって、その位置関係によって見えているものは必ずしも同じではない。

　中心の側からは周辺が見えない。これに対し、周辺はすべてを見通している。沢田の住民は、最奥の位置にあって、相馬の中心市街地も、弘前も、あるいは仙台も東京も、みんな見えている。ところが、相馬の人ですら、この沢田に行ったことがないという人もいるわけだ。中心は周辺を知らない。相馬の多くの人にとってはだから、沢田集落の将来はこれまで、それほど重要な問題ではなかった。この数年のうちに、相馬地区の人々の認識も大きく変わったのである。こんな小さな村の中でも、中心からの周辺への歩み寄りには長い年月がかかった。しかし、中心と周辺とが意図的に結びあわさることで、いままでにはない相互作用が始まり、新たなアイディアや実践が生じてくる可能性がある。

　相馬・沢田の試みはさらに、彼らにとっての中心都市・弘前を、自分たちで動かし、自分たちの力にしようというところにまで及んでいる。逆に、この祭りに参加した都市住民は、自分たちにないものにふれ、この地域の再生に力を貸すことで、自らの生きる力を得ることにもつながったはずだ。

さて、この中心と周辺の関係をたどっていくと、その最も中心には首都圏がある。そしてこの首都圏が地方にとって無視できないのは、この首都で過疎対策を含め、医療、学校、雇用、経済など、生活に関わるあらゆる制度が形づくられ、持ち込まれてくるからだ。

現在の過疎地域をめぐる問題も、こうした制度の議論を抜きにできないから、首都圏との関係を、いかに良好なものにしていくかが問われることになる。しかしながら、日本の中央と地方の間には、地方地域社会の中心（中核都市や中心的な市街地）と周辺（末端集落）との間にある以上の、越え難い壁があるようだ。場合によっては、第3章の最後に取り上げたような形で、首都圏のような場所では、過疎集落の存続を疑問視する声さえも起こりうる。しかも、今回の限界集落論の議論のなされ方にも顕著なように、中央における議論は一過的で、過疎法改正をめぐって急に議論が起きたかと思うと、過疎法延長が決まればもはや問題はなかったかのように静まりかえる。急速に興味は失われ、本質的なことは何も突き詰められず、議論は消費されたにすぎない。

こうして、中心―周辺問題の最も大きなものが、中央と地方、大都市圏に暮らす関東や関西の人々と、それ以外との生活意識との間にあり、しかもその動向によって、地方は大きく左右される構造になっている。

過疎問題を地方だけの問題にしている限り、この問題は解消しない。我々が迎えている過疎問題の現実は、特定の地域内の問題ではなく、日本社会全体に関わる問題だからだ。しかし、それがなかなか全体として認識されない。ここに、この問題の持つ最も大きな深みがあるようだ。こうした深みが現れる理由を追及してみると、この半世紀の間に生じた日本社会の大きな変化が、その原因となっている可能性がある。この点について、最後に、いま一度しっかりと確認しておくことにしたい。

5　中央と地方――周辺発の日本社会論

†二〇〇五年段階での人口増・人口減地域

ここで、第3章に示した表2（112頁）を再び見てもらうことにしよう。この表は、二〇〇〇年までの各都道府県の人口変動を、その形から類型化したものである。第3章では解説しなかったが、ここには、二〇〇〇年から二〇〇五年にかけての変化についても、網掛け（増加）と下線（減少）で書き込んである。

見ていただければ分かるように、二〇〇〇年まで人口上昇を続けてきた地域(／型・N型)の中にも、二〇〇〇~五年には、ついに減少へと転換したところが出始めている。

二〇〇五年の段階でもなお人口増である都府県をあげてみると、東京・埼玉・千葉・神奈川・栃木・静岡・愛知・三重。そして関西が多少その増加率を弱めながらも京都・大阪・兵庫・滋賀・岡山となっており、九州では福岡のみ。沖縄が独立した動きをしているほかは、すでに北海道も、東北も、甲信越、北陸、四国も、ブロックごと人口減少地帯に移行しているのである。結局、残った人口増加地帯は、首都圏・畿内・中部の、東京・大阪・名古屋という大都市圏社会であり、二一世紀を迎えて、現象としてはどうも、人口増加型大都市圏社会と、人口減少型地方社会との大きく二極に、日本社会は割れつつあるように思われる。

しかも重要なことは、この人口増加型大都市圏社会は、その合計特殊出生率を見ると、全国四七都道府県の中でも最下位の方に位置する都府県ばかりであり、人口再生産能力がとくに低い地帯でもあるということだ。今後の詳しい分析が必要だが、この二極分化は、どうも次のような不気味な関係を持って現れているように見える。

一方に、若年層を吸収し、社会増・自然増を続ける中心地帯(大都市圏)がある。その反対には、若年層を排出し、社会減少を続けてきた周辺地帯(地方圏)がある。このうち後者はすでに自然減に突入しているが、それでもなお、中心地帯による周辺地帯からの人口の吸い上げは止まらない。それどころか、現時点においてもなお、周辺地帯の方が、人口再生産能力は相対的に高い状況にあり、要するに人口増加地帯は、人口を吸収するだけで、子供を生む力の極端に弱い場なのである。

中心地帯には若い人口がいる分、自然増減で見ればなおも増加にはあるが、このままいけば、いま人口増を続けている地域でも早晩、人口の自然減少が始まるだろう。まして、すでに何十年も前から人口減少を続けている地方との間のこの非対称な関係を正視せず、これをこのまま放置しておくようなことがあれば、現実には、大都市圏だけでこの国ができているわけではないから、自分の首を絞めることになるのは明らかだ。

ところが、この中心（大都市圏）と周辺（地方圏）の関係は、あまりにもその差が開きすぎているがために、そしてそこには、第3章で見たような世代間の住み分けによる断層が存在しているために、地方における中心（都市）－周辺（村落）関係とは比べものにならないほどの、大きな認識上の隔たりが存在しているようなのだ。

日本社会はもはや一体化してしまっているので、そこに現れる中心も、周辺も、その全体の中で理解されなければならないものだ。しかし、この中心－周辺システムは、システム自身が自身の全体像を認識することが非常に不得意なシステムのようだ。なぜか。右に述べたように、周辺から中心はよく見えているのだが、中心から周辺を見るのはきわめて難しいからだ。中心地帯には、政治・権力、財・経済、文化・メディアが過度に集中していながら、その認識は浅く、薄い傾向がある。中心は、パースペクティブの非常に乏しい座だ。中心からの周辺への一方向的な不理解。問題の核心の一つはここにある。

†中心から見えない周辺

中心からの周辺への不理解の構造は、二〇一一年の東日本大震災をめぐる報道にもよく現れていた。自然の津波に対する、人の津波とも言えるような報道陣が、関東・関西から被災地に押し寄せた。その情報は日本中の各家庭を、これまた津波のように覆い尽くした。しかし、これらの情報から何が見えただろうか。自治体ごと破壊された三陸沿岸の町。原発事故でふるさとを追われた福島浜通りの人々。まだ現在進行形にあるこの現実の重みを、どれくらい我々は、これらの報道を通じて理解できたというのだろうか。

一方的な不理解の構造を解消しうるような、新しい認識枠組みをつくる必要がある。日本社会の認識構造全体を再構築することが必要だ。

まず一つ、確かに言えることは、周辺から見通していく認識の座が、いまの我々の思考法のうちに明らかに欠けていることだ。中心からは周辺が見えない。都会の人はむらの暮らしが見えないし、まして首都圏に暮らしていれば、地方の暮らしは全く見えないだろう。この状況をひっくり返し、限界集落のような周辺の座から全体を見渡す認識を意図的につくり出していくことが必要だ。限界集落の問題を、かわいそうな地域の集落支援という議論を越えて、二一世紀という時代に、我々が迎えているこの国の形そのものに関わる問題として、どう提起できるのかが問われている。

第1章で述べたように、国もメディアも、いまあたかも次々と集落が消えているかのような情報を我々に流し続けてきた。多くの人がその情報をよく考えることなく、そのまま受け取っていたはずだ。しかもまたそれを、自分とは切り離された別の世界の出来事と受け止めていた人も多かったはずだ。

例えば、鰺ヶ沢町の財政状況なども、鰺ヶ沢町民がだらしないからそうなったのだ、としか映っていなかったかもしれない。しかし、鰺ヶ沢町の置かれた現状は、日本の中央と地方の問題の縮図でもあり、矛盾が折り重なって凝縮された、言うなればホットスポットだ。そして東日本大震災で露呈している原発事故も、単なる科学技術の利用の仕方の問題ではなく、周辺から見ればまさに、中心と周辺のいびつな関係が凝縮したところに生じたものである。似たような問題は、これまでの大規模公共事業やリゾート開発などを拾っただけでも、地方にはいくらでもある。しかもその中央―地方関係は、震災後もいまだに反省されず、見直されてはいないわけだ。

むろんこのことは、当事者である地域の地方自治体も、住民も、責任の一端を担っているわけだから、それぞれに認識を変えていく必要がある。いままでの地方における行政依存・中央依存的思考法は、中央における周辺への不理解と表裏一体の関係にあるからだ。しかし、周辺の場においてほど、このことに気づき始めてもいる。認識の転換は徐々に始まりつつある。

これに対し、肝心の中心では、認識の転換が始まる気配がない。それはどうも、中心の視座からでは、そのままでは見えないものがあるからのようだ。意図的な認識転換の機会づくりが必要だ。本書はまずはそれを目指してきたわけである。

†成長モデル・競争モデル・衰退モデル

慣れていること、当たり前のことについて、考えを切り替えるのは難しい。だまされていることも多い。原発の問題もそうだったが、過疎問題も同じである。

これまで我々が従ってきた「成長モデル」は、当たり前すぎて否定は難しいものだった。しかし、人口減少に入ったので、人口増加を前提にしたこのモデルは、時代の要請としても転換が求められつつある。

それに代わって、近年、強い力を発揮しつつあるものの一つが、「競争モデル」だ。あるいは「グローバル経済下の戦争モデル」といった方がよいのかもしれない。

グローバル経済下において、我々は静かな戦争を戦っている。この経済戦争に勝たなければ日本の将来はない、そのためにも産業の合理化・高度化を図るべきだというこの考えは、グローバル化という避けられないものへの対応として、強い説得力を持ちつつある。しかし、結局その戦いのために「暮らし」を犠牲にするのなら、結果は、戦争に勝とうが負けようが同じことだ。暮らしの側からすれば、戦時下の大政翼賛と同じく決して受け入れられる論理ではない。

もっとも、こうしたモデルが、最終的な目標として、いずれも国家としての上昇や成功を展望しているのに対し、必ずしも上昇や成功を目標としない、「衰退モデル」とも言うべき新しい議論が現れつつある。人口減少にともない、我々の社会は縮小する。この縮小は避けられないが、これまであまりに大きくなりすぎたのだから、社会の中に淘汰や衰退が起きるのは当然である。かえって縮小した方が分配されるパイは大きいので、その方がよい。そして、その縮小の現場として、すなわち全体の中から切り捨てるべき選択の具体的な場として、過疎化の進む地方や、非効率な第一次・第二次産業がほのめかされるのである。

「成長モデル」「競争モデル」に比べて、この「衰退モデル」は確かに、縮小社会の現実に正面から向き合った議論であるように見える。またグローバル化の中で、何が何でも一番になるのではなく、緩やかに衰退して効率よい地点を見つけるべきだという論理立ても理にかなっているように思える。しかしながら、「衰退モデル」は色々な意味で、先の二つのモデル以上に危うさを孕むものだ。

こうなればこうなるという予言、趨勢命題に我々は十分に気をつけねばならない。未来についての不用意な憶測が、現実の未来を決定することがあるからだ。「成長モデル」はまだ正の予言であった。「こうすればこんなすばらしい未来が待っている」というものだから、結果はどうあれ、正の予言を信じている間は、暮らしには希望がある。ポジティブな思い込みは、それがしっかりとした根拠に基づいていなくても、本当に結果をポジティブにすることさえある。

これに対し、負の予言には十分な注意が必要だ。というのも、負の予言が示す衰退には希望が宿る余地がない。それゆえそれが集団の間で常識になってしまうと、本来安定していた社会状況さえ絶望的なものに映り、予言の方が現実を引っ張って、不安定な状況に押しやる可能性があるからだ。

いま台頭している「競争モデル」や「衰退モデル」から派生する、「効率の悪い地域はこの際消えてもらった方が良い」という議論、中心による周辺の切り捨てを正当化しうるこの議論から、いかに別の、ポジティブな発想へと切り替えていけるかが問われている。第3章で示したように、これらの議論は自己破滅を内在している。それは、これまでの日本社会の生活の基礎となってきたものを、否定する可能性すら秘めたものだ。食糧や燃料自給の持つ重要な意味がいま大きく見失われつつある。生活を支えるもののすべてを国に委ね、経済ですべて解決できるかのような錯覚に陥っている。日本の社会構造の根幹を担ってきた家やむらの消滅をも当然のことと思うようにさえなってきた。こうした確かなものの喪失は、人々にますます衰退感や喪失感、絶望感を与え、不安を呼び、社会はいよいよ閉塞していくだろう。我々は、この悪循環を脱していかなければならない。

†不理解から来る破壊を避ける——危機感から始まる再生

筆者自身は基本的に、安定までには時間はかかっても、ごく自然の流れの中で、多くの限界集落は再生・維持されると思っている。多少は規模縮小しても、周りの支えがあれば、それほど大きなコストをかけずとも多くの集落は残っていくだろう。

怖いのは、限界集落論の持つ罠である。

負の予言に惑わされ、それほど大きなコストでもないのに、効率性の議論に引きずられて取り返しのつかない結果を引き起こすようなことが、現在の中央における地方への認識のもとではありうるのではないか。この問題に、政府や省庁、中央メディアが深く関わってしまっており、みな当事者である。しかし、中心にいる人ほど、周辺が見えない構造があり、全体が見えないまま、思い込みから行う実践が、破滅に導くことがありうると思うからだ。不理解から来る破壊的作用。実際、すでにこの二〇年ほど、我々はそれをどれだけ日本各地で見たことだろう。

もちろん、限界集落論は、破壊だけをもたらすものではない。逆にこの議論は、我々の社会に今後生じるかもしれない危機やリスクをはっきりと明示し、その準備を促すための警告としての役割を果たしうるものでもある。この議論の発信者の大野晃氏の本意も、本来はそこにあった。

危機は社会を変える原動力になる。大きな災害や敵国の存在は、有史以来、つねに社会発展の大きな契機となってきた。ただおびえるだけならリスクを認識する意味はない。しかし危機意識として人間の動員に活用することができるなら、リスクがもたらす負の予言は、オルタナティブとしての、正の目標を生み出すきっかけにもなる。危機の共有は、多くの人々に一定の方向性を持った価値の共有を促し、新しいポジティブな社会変革への道筋に人々を動員することにもつながるはずだ。

危機やリスクは、そこに生じている現象を十分に認識し、理解できれば、もともとその社会が持っていた矛盾を解く契機にもなるものだ。そして、危険回避の道を切り拓くような解が得られれば、最初の危機やリスクの予言は現実化せず、警告にとどまることになる。

二〇〇七年に提起された、この限界集落問題は、果たしてどの方向へと帰着していくのだろうか。この危機を前にして、これまでに見えてきたことは、第一には、ふるさとを維持しようとする人々の力、その力の根元からの強さである。過疎集落に関わる人々の、ふるさとへの思いは依然として深く、重い。しかし他方で、あきらめも確かに現れ始めている。問題の核心を素早くつかみ、長い目で見た安定性を我々の懐に確保できるよう、その道筋を早急に見出していくことが大切だ。

†大都市の暮らしと地方の暮らし

おそらく次のことを一緒に強調することが必要なのだろう。この限界集落の問題の裏側には、大都市コミュニティの暮らしの問題がある。大都市住民の孤立、無力さ。このことと、限界集落問題は表裏一体のものと理解すべきだ。

大都市の暮らしは、一見、効率がよさそうに見える。しかしそれは個人を犠牲にした巨大な都市システムによって成り立っているのであって、その犠牲は、地方やむらの暮らしとは比較にならないほど大きなものだ。そしてその都市システムは、巨大化しすぎて個人の手が届くものではなくなっており、予想を超えたことが生じた場合には、個人を守るどころか、さらに個人に犠牲を強いるようなものでさえある。

このことは、今回の東日本大震災でも如実に観察された。今回の震災は、首都圏では帰宅困難、物資不足、計画停電など、様々な問題に派生し、深刻な影響が及んだ。しかし重要なことは、このような事態に対して、人々は右往左往するばかりで何も手出しができず、個人はシステムが要求することをただ受け入れるしかなかったということだ。大都市圏では、緊急事態に際してさえ、人間自身による意志決定が及ぶ範囲は、非常に小さなものになりつつある。

そしてこのことは、我々一般個人にとってというだけではない。今回の震災では、巨大な被害を前に、政府による緊急対応能力の欠如が明るみになった。この政府対応の低迷ぶりを、某首相個人の問題とするのはあまりにも短絡に過ぎる。一国のリーダーでさえコントロールできないほどに、この国のシステムが大きく複雑になりすぎたのである。しかも、そうした巨大システムを完成させるべく、この国に豊富に存在していた集団や組織の――家やむらや町の、あるいは地方自治体の、あるいは中小事業体の――下位統治能力をこれまで次々と解体し続けてきたため、結局、上から下まで、いざというときの重要な決定ができず、全体として思考停止・活動停止に陥ることになってしまった。今回の震災では、巨大システムのもつ、そうした大きな欠陥が明るみに出たと考えるべきではないだろうか。

これに対し、小さな地域社会（むら、町、小都市）ではまだ、生活システムは個人のコントロールの範囲の中にある。数人の力で人を動かし、社会を変えうる。このこともいま、震災の被災地で実証されつつあることだろう。

本書で示してきた例もみなその傍証になるはずだ。第4章の深谷の例もそうだし、本章で取り上げた相馬の例もそうだった。結局、社会を動かす起点は小さなむらや町の、小さな会合なのだ。この、小さな会合から始めて、より大きな地域社会全体へと影響を及ぼしていく力を、大都市コミュニティの居住者は持っていない。ごく一部の人が、その権力を握っているように見えるが、彼らでさえ危機に際して集団をうまく動かしていく力はなさそうだ。我々の未来は、もしかすると、限界集落再生の成功・不成功に関わっているのかもしれないとさえ思えてくるのである。

†周辺発の日本社会論へ

大きく発想を逆転させて考えてみよう。要するに、本当に地域再生が難しいのは大都市圏においてなのだ。大都市圏でこそ、再生を担う主体が必要なのだが、それが明らかに欠如している。限界集落論が示す、コミュニティの消滅予言。しかし現実にはまだ、しぶとく集落は息づいている。問題が生じるとすればこれからだ。

実は、コミュニティが消えたのは大都市においてなのである。都心は地価の高騰で住民が外へ出てしまい、オフィス街に切り替わった。ここで働く人々は、毎日何時間もかけて郊外から満員電車で通う。だから、全体の経済は効率がよいのだろうが、個々の人間の毎日の暮らしは高密度で厳しい。

不安も大きい。見た目はきれいな郊外の住宅団地だが、行き交う人同士の挨拶もなく、ただ一緒にいるだけだ。ここには、暮らしの中の当然の相互作用も少ない。大地震や災害の予測が続々ともたらされるが、それが具体的にどのようなものなのかも知らされず、また防災担当職員との直接の交流さえもない。地域の避難所もただ掲示があるだけ。テレビのニュースが頼りだが、専門家がいろんなことを言っていて何が正しいかも分からない。ただ不安だけが増幅されていく。

日本の社会はもともと、むらや町の集積でできてきた。それぞれの社会的主体があって、初めて国が成り立ってきたのである。日本の社会を分析する様々な研究が明らかにしてきたように、この入れ子構造こそが日本社会の強さの秘密でもあった。

それが戦後、大きく方向転換をした。それはあまりにも大きな転換だった。しかし、その転換の影響はすぐには生じない。戦前の暮らしは戦後も引き続き継承されてきたからだ。しかし、二〇一〇年代に入って、いよいよ戦前生まれの人々がこの舞台から退場していく。戦前から戦後への転換は、これからいよいよ完成する。日本社会はいまこそ大きな転換期を迎える。しかもこれから起きる転換は、どうも良い方向には向いていないようだ。我々は、この先の舵取りをどちらへと見定めればよいのだろうか。

この書を通じて示したかったことは、このことを、中心からの視点ではなく、周辺からの視点で考えていくことで、現在の我々が迎えている閉塞状況の本質を見極め、またそれを乗り切る答えを探すことができるかもしれないということである。

それは、例えばここで見てきたような限界集落のような問題を、視野の外に追いやるのではなく、視野の中心に置くことによって可能となるはずだ。周辺発の日本社会論の可能性。限界集落論からたどり着くべきは、このことなのであり、ここからいま一度、この大きな転換期に当たって、日本という社会が一体どういう社会なのか、認識を新たにすることが必要なのである。

あとがき

二〇一一年三月二九日。岩手県野田村の下安家《しもあっか》集落にいた。この集落では、約半数の家が津波で流された。何より、集落の基幹産業である漁業施設が壊滅した。沿岸のホタテやアワビの養殖、そして清流・安家川河口を利用した内水面では、サクラマスの放流施設があり、下安家は岩手県でも有数の漁村だった。

数日前来たときは、人もおらず閑散としていた集落に、この日は総動員で片付けが始まっていた。まさに再生が始まったその瞬間だった。

集まっていた人たちに近づきながら、持ってきていた栄養ドリンクのケースを、そばにいた女性に差し出した。「あの……」どう言って渡そうかと思ったが、「差し入れですか？」と聞かれ、「差し入れ、差し入れ」とありがたく言葉をいただいて、手渡した。「みんな疲れているから喜ぶわ」。「救援物資」という言葉がこの場にそぐわないな、と思っていたら、うまいこと言ってもらえた。これもまた知恵だ。

野田村では、米田《まいた》という集落にも何度かお邪魔した。筆者もメンバーの一人である、津軽衆有志野田村支援隊。四月初旬、その活動で、弘前の有名なそば屋さんが打ってくれたうどんをもっていって、避難所となっていた公民館で一緒に楽しんだ。野田のにがりを使った豆腐をご馳走になり、女性たちと後片付けをしながら立ち話をしていると、この豆腐を売っていた直売所も流された、それを再建したいなあと、思わぬ目標があることを知る。ともかく豆腐がおいしい。ご馳走しに来て、ご馳走された感じである。

誰かが言う。「こうしてみると、みんなで一緒に暮らすのもいいもんだ。これまでバラバラだったから」。津波による被災をそう発想する知恵に脱帽する。

被災地では、凄惨な体験を経て、なおも生きていく知恵が新しく形成されているようだ。別の避難所ではこんな話も。四月、避難所で記念写真を撮ったので、次に行ったときに現像してもっていった。するとある人が言った。「私は写真をみんな流された。これは新しい人生の始まりだな」。これは野田村支援隊長の土岐司氏から聞いた話である。

これだけの目にあっていながらも、基本的に、被災地では生きる知恵は健在で、ふるさとを維持し続けようとする意欲も強い。それを具体的にどう応援できるか。東日本大震災では、物資が被災者にまわっていない、がれきの片付けが遅い、仮設住宅が手配できていない、義援金の配分が遅いなど、政府の対応の遅れが指摘され続けてきた。しかし筆者が本当に重要だと思うのは、その向こうで、人々はしぶとく自分のいた地に住み続けようとしている、その主体性だ。それも個人としてではなく、集団として。むらであろうとする力、町であろうとする力は、日本の社会の中でまだまだ健在だということだ。

「発想の転換」を本書では強調した。

東日本大震災という、こうした未曾有の災害時においてこそ、それができるかどうかが問われている。ただしこれを機に、いままでにない「発展」を目指すことが必要だというのではない。むしろ、これまで抱えてきた矛盾を解消することにこそ、発想の転換は振り向けられるべきだ。そしてその一つは、中央―地方のいびつな関係を脱し、創造性のある地方地域社会を取り戻せるかどうかにあるはずだ。そしてまたこの問いは、被災地の人たちだけでなく、首都圏を含めた、日本に暮らす者全員にとっての大きな課題でもある。

しかしながら小さな集落ではこのように前向きな動きが見えていても、被災地の多くの場所では、まだ政府や大国経済への依存感が強く、なかなか自分たち自身で進める復興への展望は描けていない。他方で、頼られている行政も国も、言葉で言うほどには動けておらず、事態はなかなか進展しないまま、時間だけが過ぎていく。そして、震災から半年あまりが過ぎ、多くの国民が、もはや震災は自分とは関係のない問題だと思い始めてさえいるようだ。これはまさに、本書で述べた悪い方の予感が的中したことを示しているのかもしれない。そしてその背後にはやはり、被災地への――周辺への――「不理解」が潜んでいるように思えるのである。

それでもむろん、被災地を支えようという人々も数多い。中央と地方、都市と村落、これらの間の誤解を解きつつ、関係を新しくつくり直すこと――これこそ東日本大震災が示している大きな課題である。そしてこのことは、実は緩やかな危機、過疎問題にも当てはまることを本書では説いてきた。

この国がどこからきて、この先どこに向かうのか。目先のことにとらわれず、そうした長いスパンの歴史認識の中で、現代におけるより良い選択をしていければと思う。そのためにも、日本の地域社会に関わる現状認識をこの際しっかりと再構築することが必要だ。

その一つの道筋として本書を示してみた。限界集落の撤退や消滅が当然という議論の中で、あえてその常識に抵抗しているように見えるかもしれない。が、むしろ、現場に行ってみれば、筆者がここで示したことの方が、常識に近いことに気づくはずだ。

二〇一一年一一月

筆者識

参考文献（文中に引用したもの、また、読者にとくに参照して欲しいもののみを示す）
伊藤達也『生活の中の人口学』古今書院、一九九四年
大野晃『山村環境社会学序説――現代山村の限界集落化と流域共同管理』農文協、二〇〇五年
大野晃『限界集落と地域再生』デーリー東北新聞社、二〇〇八年
鬼頭宏『人口から読む日本の歴史』講談社学術文庫、二〇〇〇年
佐藤晃之輔『秋田・消えた村の記録』無明舎出版、一九九七年
鈴木榮太郎『日本農村社会学原理』（鈴木榮太郎著作集Ⅰ・Ⅱ）時潮社、一九四〇年（一九六八年再刊、未來社）
鈴木広『都市化の研究――社会移動とコミュニティ』恒星社厚生閣、一九八六年
田中重好『共同性の地域社会学――祭り・雪処理・交通・災害』ハーベスト社、二〇〇七年
徳野貞雄『農村の幸せ、都会の幸せ――家族・食・暮らし』NHK出版、二〇〇七年
徳野貞雄『生活農業論――現代日本のヒトと「食と農」』学文社、二〇一一年
根深誠『山の人生』NHKブックス、一九九一年

本書のもとになった研究
弘前大学人文学部社会学研究室『平成一九年度あおもり県民政策研究　青森県内過疎地域の限界集落化の検証と政策課題　調査報告書』、二〇〇八年
弘前大学人文学部社会学研究室、鰺ヶ沢町、深谷・細ヶ平・黒森町内会『鰺ヶ沢町過疎集落活性化モデル調査研究事業　平成一九年度深谷・細ヶ平・黒森調査報告書』鰺ヶ沢町、二〇〇八年
弘前大学人文学部社会学研究室・鰺ヶ沢町町内会連絡協議会・鰺ヶ沢町『平成二〇年度青森県市町村・地域づくり団体等協働モデル事業　鰺ヶ沢町地域づくり研修会報告書』二〇〇九年
弘前大学人文学部社会学研究室『下北地域の人口減少社会及び地域コミュニティに係る調査業務委託調査報告書』青森県下北地域振興局、二〇〇九年。

弘前大学人文学部社会学研究室『鰺ヶ沢町　集落再生のための条件（内部的・外部的）調査報告書――ふるさとがなくなる?』鰺ヶ沢町、二〇一〇年
櫛引素夫・山下祐介「ここに生きる」東奥日報連載、全六部、二〇〇九年一月～一二月
山下祐介「過疎高齢化問題と公共交通――青森県のフィールドから」、『運輸と経済』第六七巻第一一号、財団法人運輸調査局、二〇〇七年
山下祐介「地域公共交通をめぐる社会実験と住民参加――青森県津軽地域の事例をもとに」『運輸と経済』第六九巻第一二号、財団法人運輸調査局、二〇〇九年
山下祐介「家の継承と集落の存続――青森県・過疎地域の事例から」日本村落研究学会監修・秋津元輝編『【年報】村落社会研究第四五集』農文協、二〇〇九年
山下祐介「戦後日本社会の世代と移動――過疎／過密の生成と帰結」『日本都市社会学会年報』第二八号（特集　世代と移動の都市社会学――戦後日本の地域社会変動を読み解く）日本都市社会学会、二〇一〇年
山下祐介・作道信介・杉山祐子編『津軽、近代化のダイナミズム』御茶の水書房、二〇〇八年

謝辞

本書の論理は、多くの方々へのインタビューや共同事業の実施がもとになって構成された。鰺ヶ沢町、平川市および弘前市相馬地区の皆さんにはとくに感謝したい。何より、東奥日報・櫛引素夫記者との共同取材から生まれたものである。調査はまた、青森県他、いくつかの自治体との共同事業費に加え、弘前大学人文学部学部長裁量経費による強い支援を受けた。

社会調査実習および卒業論文を通じた弘前大学の学生諸君との共同作業も欠かせないものであった。以下にその調査員を列挙する。天内智美、佐々木牧恵、工藤恭平、大柳歩、成田隼輝、村松裕希子、井上香里、北川俊英、元井慧弥、三上真史、新澤舞、小倉愛子、安藤真紀、大野悠貴。

筑摩書房の松田健氏には本書作成に当たってお世話になった。深く感謝したい。最後に、この書の執筆を支えてくれた妻の陽子と、生まれたばかりの結香にも。

ちくま新書
941

限界集落《げんかいしゅうらく》の真実《しんじつ》
――過疎《かそ》の村《むら》は消《き》えるか？

二〇一二年一月一〇日　第一刷発行
二〇二三年四月一〇日　第十二刷発行

著者　山下祐介（やました・ゆうすけ）
発行者　喜入冬子
発行所　株式会社　筑摩書房
東京都台東区蔵前二-五-三　郵便番号一一一-八七五五
電話番号〇三-五六八七-二六〇一（代表）
装幀者　間村俊一
印刷・製本　三松堂印刷　株式会社

ISBN978-4-480-06648-0 C0231

ちくま新書

853
地域再生の罠
——なぜ市民と地方は豊かになれないのか？
久繁哲之介
活性化は間違いだらけだ！ 多くは専門家らが独善的に行う施策にすぎず、そのために衰退は深まっている。このカラクリを暴き、市民のための地域再生を示す。

937
階級都市
——格差が街を侵食する
橋本健二
街には格差があふれている。古くは「山の手」「下町」と身分によって分断されていたが、現在もその構図は変わっていない。宿命づけられた階級都市のリアルに迫る。

800
コミュニティを問いなおす
——つながり・都市・日本社会の未来
広井良典
高度成長を支えた古い共同体が崩れ、個人の社会的孤立が深刻化する日本。人々の「つながり」をいかに築き直すかが最大の課題だ。幸福な生の基盤を根っこから問う。

914
創造的福祉社会
——「成長」後の社会構想と人間・地域・価値
広井良典
経済成長を追求する時代は終焉を迎えた。「平等と持続可能性と効率性」の関係はどう再定義されるべきか。日本再生の社会像を、理念と政策とを結びつけ構想する。

606
持続可能な福祉社会
——「もうひとつの日本」の構想
広井良典
誰もが共通のスタートラインに立つにはどんな制度が必要か。個人の生活保障や分配の公正が実現され環境制約とも両立する、持続可能な福祉社会を具体的に構想する。

495
パラサイト社会のゆくえ
——データで読み解く日本の家族
山田昌弘
気がつけば、リッチなパラサイト・シングルから貧乏パラサイトへ。90年代後半の日本社会の地殻変動を手掛かりに、気鋭の社会学者が若者・家族の現在を読み解く。

511
子どもが減って何が悪いか！
赤川学
少子化をめぐるトンデモ言説を、データを用いて徹底論破！ 社会学の知見から、少子化が避けられないことを示し、これを前提とする自由で公平な社会を構想する。